环境艺术设计基础研究

王 佳 著

北京工业大学出版社

图书在版编目（CIP）数据

环境艺术设计基础研究 / 王佳著. — 北京 ：北京工业大学出版社，2019.10（2021.5 重印）
ISBN 978-7-5639-7004-9

Ⅰ. ①环… Ⅱ. ①王… Ⅲ. ①环境设计—研究 Ⅳ. ①TU-856

中国版本图书馆 CIP 数据核字（2019）第 231390 号

环境艺术设计基础研究

著　　者：王　佳
责任编辑：李　艳
封面设计：点墨轩阁
出版发行：北京工业大学出版社
（北京市朝阳区平乐园 100 号　邮编：100124）
010-67391722（传真）　bgdcbs@sina.com
经销单位：全国各地新华书店
承印单位：三河市明华印务有限公司
开　　本：710 毫米 ×1000 毫米　1/16
印　　张：13.5
字　　数：200 千字
版　　次：2019 年 10 月第 1 版
印　　次：2021 年 5 月第 2 次印刷
标准书号：ISBN 978-7-5639-7004-9
定　　价：56.00 元

前　言

环境艺术作为一门学科在我国仅有二十多年的历史，但作为一种美化人类生存环境的思想、方法和手段，却可追溯到远古洪危时期，并随着人类社会的不断进步、发展，影响着民宅庭园的形态、格局和建城安邦的形制与风貌。传统的环境艺术观念建立在安身立命的基本需求之上，崇尚自然、效法自然，所谓“仰观天象，俯察地理”“人法地、地法天、天法道、道法自然”，追求的是“天人合一”的和谐。

而今，在我国城镇化的快速发展进程中，随着人们对于环境艺术的深入理解，人们已经普遍意识到环境艺术既不是单纯对于建筑立面的美化和装饰，也非特定场所的小品、装置和雕塑，更非今日媒体艺术，而是一种综合性很强的关系艺术、场所艺术和对话艺术。环境艺术与建筑环境关系之密切人人皆知，须在规划、建筑格局、形态完成之前对其形象进行艺术性改造、改观、弥补和对其环境进行美化。

毕竟，一种附加的、修饰的人为之美远没有本质的美来得自然、和谐和长久。因此，近年来城市规划、城市设计，建筑设计、园林设计、艺术设计在学科交叉碰撞中不约而同地把环境艺术的理念纳入自身的设计体系，期盼能使之影响到城市规划建设的策划期、实施期和发展期。

然而，环境艺术是一门独立的学科，具有其他任何一个学科无法取代的特殊性。正如环境艺术专家武星宽教授所说，从事环境艺术设计专业的人员首先应该是一位画家，其次是一位设计家，再次才是一位工程师。它实际上涵盖了艺术与科学、理想与现实两个界面、两个平台方面的内容。而为了满足实际需要又必须使它们在高层面上汇合，这样才能产生高品质的结晶。

目　录

第一章　环境艺术设计概述

第一节　环境艺术设计的含义

环境艺术设计与建筑如同一体，历史源远流长。翻开人类文明史，几乎可以这样说，从建筑诞生之时起，建筑的环境艺术就相伴而生了。

在人类还居住在天然岩洞里的时候，人们就在岩壁上留下了令人叹为观止的岩画。虽然这些岩画的诞生还不足以说明一种明确规范的艺术形式的诞生，但这些图形已经相当饱满地记录下了人类精神创造的最初的萌动。在对岩画实际目的种种推测之外，有一点不可否认，这些图形具有相当的美的形式。

德国伟大的文学家歌德曾经说，艺术早在其成为美之前，就已经是构形的了，然而在那时候就已经是真实而伟大的艺术往往比美的艺术本身更真实、更伟大些。原因是，人有一种构形的本性，一旦他的生存变得安定以后，这种本性立刻就会活跃起来……在当时人类居住或经常出没的地域雕画着的图形也一定包含了一种当时的人类对环境某种意义上的修饰意图。它的产生侧面地反映了人类与生俱来的最初的精神需求和能力——造型与审美，不过普列汉诺夫从史学角度出发这样的强调：艺术创作中“从效用的角度出发对待事物的态度先于从审美快感的角度出发对待事物的态度”。

纵观艺术的发展过程，我们可以清晰地寻找到主体依存人类需要而演变的轨迹：艺术常常首先体现为需要，它尤其是人类智慧不可少的精神需要以实质形态方式的显示。我们看到，人们会把这种需要寄予到艺术的表现上，或隐匿于形式中，或表露于图像上。在远古时期，几乎艺术中的每一根线条、每一块色彩、每一种造型组合都包含有精神的内容，这才让我们从中看到了先人对上苍的敬畏、对生死的理想，以及对哲理的思考。当我们专注于观赏艺术作品精美的造型时，我们有必要去想一想，人类社会早期，在完善自我的能力还十分欠缺的时候，人们却要花费相当的人力和物力，去制作大量的雕塑和壁画，把当时视为重要的建筑空间装饰得琳琅满目……那些付出究竟是为了什么呢？从艺术产生的目的与存在的意义中我们能清晰地领悟到艺术对于人所具有的精神与实用的双重价值。

如果比较艺术手段可以发现，今天我们所指的环境艺术设计与远古时期的概念已是大相径庭，但环境艺术设计因为人类的需求而产生、发展及至壮大的过程却是它永远不会改变的根本内涵。这其实也是“现代城市艺术设计理念”合理性的一个佐证，只有最大程度地满足人类社会物质与精神的发展与需求，才能造就未来环境艺术的勃勃生机。

我们把环境艺术设计的内涵视为应用，也视为用特有的艺术形式传递出的一定的文化内涵，以满足人类精神与实用的、视觉与心理的需要，它是文化的表现形式。

从广义上看，环境艺术设计具有地域的、民族的和时代的特征；从具体的形式、内容上讲，它可以有通俗的、高雅的、大众的、民间的、传统的、现代的等方面的不同。艺术可以通过自己的表现特征来体现蕴涵于内的本源。只有从文化的深度出发，我们才能真正地找到艺术表现形式的根底。

赵无极先生的抽象艺术之所以博得了世界的赞誉，是因为其融东方文化的精髓于其中，这是从中国文化的土壤中汲取的底蕴，是西方人做不来的。李化吉先生与权正环先生的壁画艺术——《白蛇传》，以中国家喻户晓的民间故事为题材，以中国特有的戏剧形象营造出了艺术表现形式的典型风格，呈现了浓郁的地域和民族文化风情。杜大恺先生的壁画作品《唐宫佳丽》以现代装饰风格的笔调，展示了一种平和、含蓄的情调，表现出了东方艺术特有的气韵……正所谓，一方水土养一方人。

前几年，媒体介绍德国的艺术家将一尊西方现代抽象艺术雕塑，放置于故宫古老的建筑空间中，有意识地寻觅一种东方与西方的、古代与现代的不同文化形态的比较。这个展示很有意味，它从造型表象的极度差异中让人深深地品味两种文化形式传达出来的不同民族、不同地域和由此而产生的人文形态的对峙。北京人民大会堂的内环境设计以大量中国传统纹样雕梁画栋于建筑物，中国传统的艺术形式由此介入，并与空间融合，重又构筑出鲜明的中国民族风貌。中国传统纹样这样一种具有特定含义的视觉符号，消解了原本西式建筑的固定风格，当步入人民大会堂时，那种由传统艺术带出的特有的环境内涵便会扑面而来。

造型形式的特征所传递出的文化意味是不容置疑的，但如果仅仅只是表面化的抄袭是不可能得到具有深度含义的艺术作品的，所以人们常说艺术成熟于思想与感悟的交融之中。“法古而不袭古”的观念十分有意义，著名雕塑家为美国洛杉矶日美文化会馆所做的雕塑名为《献给第一代日裔移民》，雕塑家在会馆前宽阔的广场中设立了一个扇形的高台，形成了一个相对独立的地域的场，硕大的石雕就放置在上面。在这个高台上，观者似乎远离现实，被带进了冥想境界。观望着这有着相当体量感和坚硬质地的艺术作品，人们可以深深感悟到第一代日本移民坚强而充满活力的奋斗精神。在这件环境艺术作品中，并不见明显的日本风格的艺术形式特点。由于作品在深入开掘精神上的坚韧，当含有特定的会馆概念与建筑风格包括环境艺术作品的精神含义融会贯通时，便指向了一种振奋心灵的深刻。如果艺术家不了解日本移民在历史上的奋斗精神，如果作品只不过是形似于日本民族特征的某些表象，那它就不可能有如此的震撼力。“文化”是支持艺术形式的内涵，艺术创作的表现形式要学其“形”，问其“源”，简单的拿来主义是不可能构筑艺术真善美的境界的。

有着悠久历史背景的文化内容和形式往往存在着传承与发展的问题。现时代的文化特征提倡的是“文化的民族主义”。在环境艺术设计中，其主要的环节如何恰当地表现在现代建筑环境的氛围里，将民族的文化和现时代的文明融通成为一体，是一个颇具深度和难度的问题。不同时代的文明造就了各个时期不同的艺术形态特征，这些被我们熟知的形象特征就如同视觉符号，带给了我们某种具体的认识。谈到传承，似乎没有这些古老文化形式的显示，我们就无法感觉到那一份传承的情节，虽可简单地挪用古老的造型以表示一种民族文化的回归，但这却又是极其浅显的方式，况且也难以与现代环境达成和谐。比如，现在常会见到将石狮、灯笼、老木雕、仿青铜器等古老的饰品充斥于现代环境中的情况，如果不顾及环境状况，这种陈列的结果就是形同虚设。这种做法实在很难让人体会到悠远历史中文化的意味，同时反而可能会肢解环境特性。所以，只有当深刻地领悟民族文化的精神，再谈艺术造型的民族性时才有基础。体会到了这一点，不管是原汁原味地把古老的形式笼统地照搬到环境中，还是新旧形式风格嫁接，才有可能获得艺术与环境整体的互相支持，并由表及里地体现出更深一层的文化意味。

第二节　环境艺术设计与艺术

壁画、景观雕塑和具有艺术形式感的种种环境艺术设计造型是最为大众所熟悉的艺术表现形式，因为它存在于我们赖以生存的环境空间之中，所以也被看作是“无处不在的艺术”。今天，城市环境建设日臻完善，环境艺术设计也在建筑物体的外部和内部，或依附于墙体、或点缀于环境、或与建筑的结构互为一体，悄然地融合于现代城市的形态之中。艺术与建筑一起，以多种造型形式和手段，画龙点睛般地营造出具有审美意味的环境空间，构筑了多姿多彩的城市景观，升华出一种与人类生存休戚相关的文化意识存在的形式，以至于我们已经习惯于把它们看作是城市思想、生命和灵魂的载体。环境艺术设计无可替代，它是城市环境艺术中一个重要的组成部分，我们也因此把它看作是建筑的一种延续。

艺术家在环境中工作，全然是为了环境。他们创造出丰富多彩的艺术造型语汇来修饰环境的景观、烘托环境的内涵、弥补环境的遗憾、扩展环境的视野、美化环境的仪容。毋庸置疑，艺术也借助环境展示着自己无可替代的价值。同时，在以环境为目的的主旋律中，艺术与环境互为作用的紧密联系还体现在当艺术介入环境时，它自身完整的知识体系转而要以尊重环境、了解环境、依靠环境为新的前提。只有这样，艺术才能融通于环境，否则就可能成为环境的附庸或表现为异类对环境的侵占。与环境的任何隔膜都会让艺术美好的初衷荡然无存。

现今，我们已经把环境艺术设计归于公共艺术的范畴，视它为整体环境景观的一个组成部分。虽然人们对造型艺术在特定环境中依附于建筑环境空间而形成的社会性、公共性含义早有所闻，但在城市设计构架下，把建筑与环境中的造型艺术统一于整体设计的完整理论描述却迟至上世纪后半期才完成。随着“城市设计”的兴起，“现代城市建设”理论首先在西方国家被明确提出。

“现代城市建设”理论构造的实际背景是，当时发达国家在城市建设“现代化”中遭遇了共同的问题，由于单纯追求科技成果，人的价值和尊严被忽略和贬低；由于顾及个体的风格，环境整体意识丧失，各种不同类型的造型在环境中呈现出了极不和谐的分裂状况……正是在对这些问题的反思过程中，美国人率先拉开了“现代城市设计”的帷幕。

“现代城市设计”理念的核心是力求从心理的、文化的、自然的、生态的、社会行为的、美学的、科学研究的角度关注人与环境的关系，把环境空间各环节的调度实施视为一个整体，追求环境整体上的和谐，建造最为合理的人的生存空间。这其中，人与环境关系的“最适化”成了城市景观设计的主要课题。

人与环境关系的“最适化”注重城市大环境，尊重人的物质和精神需求，侧重于功效和美学理论“城市设计”——环境景观设计，希望通过对人与环境相互作用的深入探讨，寻求一种“人创造环境，环境创造人”的理想境界。

这样一种卓有成效的认识所显示出的进步性、现代性、科学性和合理性同样引起了造型艺术家们的共鸣。实践证明，城市空间中的艺术表现形式如果仅止于“独善其身”，往往并不能产生良好的环境效果，艺术家辛勤的艺术创作也就无法得到环境的最后认可。现代城市设计理念为改变这种不理想状况提供了合理的理论依据：如果我们把城市景观视为一个有机体，在这个包容了多种需要内容的空间中，建筑师、艺术家、园林设计师们为获取具有品味的城市环境协同工作，努力让城市景观中的一切存在物“都必须有适当的功能、每件东西都应该满足美的要求”，城市环境艺术与现代城市建设的关系便进入了正态循环。

首先，把“环境艺术”的问题放到城市大环境中考虑，为环境艺术设计的创造设立了一个艺术表现形式必须与建筑环境需要相提并论的前提，从而提供了一种把人类的精神和理想与自然环境和人工环境和谐体现的认识角度，它可以促成各种不同类型造型因素在环境空间条件下的统一与整合，可以避免环境空间中各种造型形式互无联系的分离状况，它所基于的环境整体性的积极面显而易见。当艺术造型被用于环境中时，它的存在意义就已不再是以自身的完善为最根本的目的，作为环境的一部分，它有相当的隶属性，它应该以环境空间为造型依据，以达到与环境整体上的和谐为最后目标。这时候，艺术创作一方面受到了相当程度的客观条件的限制，而另一方面，由于尊重环境条件，艺术也完全可以对环境产生有益的影响进而弥补环境的不足。

其次，现代环境景观建设推崇“以人为本”，强调环境中艺术创作与人的亲和性。环境中的艺术不仅属于艺术家，还属于环境，更属于进入这个环境中的人群。所以，环境艺术要考虑特定环境中特定人群的特点和需求，在艺术形式与内容方面借助于环境给人以亲切感、认同感和指认感，同时具备相当的文化性和适应性含义。这里的“亲切感”是指，在环境处理上使人感到安全便利、体贴入微和自尊自爱。具体表现在环境功能、气氛以及细部构造若干层面的精心处理上。“认同感”是指人们对环境感受的共识性和归属感。它体现为环境的性质、方向和领域等意象的明晰。“指认感”是人们对环境感受的差异性和新鲜感，它体现了环境的个性，给人们以探索和期待的意识。而“文化性”是说环境实体通过造型、色彩、质地及空间处理、环境过渡等传达出的较高层次的文化价值和因此给人们带来的愉悦的美感。“适应性”则要求以上各要素在环境不断变化的过程中，或有在较长时间内能满足人们不断发展的物质和文化需要。

以人为本的艺术就是要不仅仅满足于环境，还要满足于人，取悦于人和鼓舞于人。人们的心理状况并没有绝对的模式，当人们身处不同的场所，从事不同的活动时对周边的环境条件必定有不同的心理感应。从这一认识角度思考，因地、因人设置有意味的环境艺术，便成了我们的责任。

最后，现代城市设计提倡整体环境理论，要求艺术创作必须以最大可能的方式在材料、位置、形式内容等方面丰富自己，以应对新环境的需要。传统的艺术表现模式显然不能完全满足于现代建筑空间的伸展，环境艺术从单纯的传承中解脱出来已经成为时代的必需，更多新材料、新工艺、新造型形式的涌入将日益成为环境艺术领域生机勃勃的新的传媒。

第三节　环境艺术设计的发展

我们把环境中的造型艺术视为环境艺术。但早在造型艺术还没有发展到被区分为实用与观赏的不同作用的时期，环境中的壁画和雕刻作为空间艺术的都归属于美术的范畴。作为一种造型艺术的表现形式，由于必须与建筑条件相匹配，它始终是伴随着建筑的发展而诞生发展起来的。

在造型艺术最初的时期，艺术家们的艺术创作活动具有很大的实用性，其中大部分工作是围绕着对建筑环境的修饰进行的。在人类社会早期，艺术作为文化的一种形式，在相当长的历史阶段里，它是属于少数统治阶层的，所以使用的范围具有局限性。今天我们从东、西方美术史的记载中都可看到这种状况。西方社会一直到文艺复兴时期（公元 14 世纪下半叶至 16 世纪），艺术家创作的主要内容之一仍是宗教题材。“雕刻艺术”在当时的教堂建筑上占有很重要的地位。无论是门楣、经台、僧座、壁龛、门廊、檐口、柱头，还是排水沟等部位都有浮雕或圆雕安置着。壁画也是如此，那个时期保留下来的最著名的作品，也大都包含宗教内容。东方文明早于西方，岁月悠悠，那些绘制于宫殿寺庙的壁画已随着建筑物的顷刻淹没无存。可我们从文史记载中依然可寻觅到对当时实情的描述。由于当时艺术应用的目的性很强，艺术家们的艺术创作与建筑形成了紧密的联系，从形式到内涵都设置得十分融洽。室内装饰用浅浮雕，光影柔和，显得宁静，再加上室内空间有限，更容易引人注意。室内外浮雕处理方法不同，但都能与建筑相结合，恰到好处地起到装饰建筑的作用，难怪有人称古希腊雕刻是建筑的侍从。

16 世纪文艺复兴时期，杰出的雕塑家、画家、建筑师、诗人米开朗琪罗的壁画作品《创世纪》规模空前（五百多平方米），它情节丰富，人物众多。在这庞大的天顶画上，各处的人物同故事都用建筑物的形式和装饰纹样区划开来，使全部画面形成了一个整体，并且和真正的建筑实物结合了起来。我国的敦煌石窟艺术，自公元 4 世纪开窟以来，跨越了一千六百余年，经受了种种历史的变迁，但它仍被誉为融建筑、壁画和雕塑为一体的佛教艺术。而地处非洲东北部的埃及，在公元前建造的金字塔和神庙，以它神秘的造型表现方式，建筑、雕塑和壁画的整体和谐，表达了那个时期人们对生与死的认识，对神灵的忠诚祈祷。作为一种文化形式，造型艺术随着社会文明的进步而发展，到了19世纪，造型艺术早已从实用的功能中拓展了出来。西方艺术在经过了古典主义、新古典主义、浪漫主义、现实主义等艺术风格和新艺术运动的变迁之后，艺术家们以他们先驱者的风范，开创了现代艺术新的篇章。这个时期的造型艺术不仅仅是风格上的变化，更重要的是它“改变了现代艺术家的观看方式，在某种程度上讲，是改变了现代人的观看方式，这是不必怀疑的”。艺术观的变化拓宽了艺术家的表现力，也势必涉及环境艺术设计的艺术创作。一方面，艺术家以自我表现的多种形式对环境空间进行了补充，就此丰富了环境艺术的表现手法；而另一方面，由于艺术家偏重于自我风格的表现，从而忽略了艺术与环境的融洽与和谐。今天，艺术与环境的关系终于又有了新的诠释，它被最大限度地看作是整体景观艺术设计中的一个组成部分。它的表现手法不仅大大地跨越了传统认识上的绘制或雕琢的手段，并且由于强调与环境结合而呈现出了相当的跨越性。所以我们也从此不再单纯从美术的角度看待它。

根据不同的时代特征，可以把以壁画、雕塑为主体的环境艺术设计的发展历程大致上划分为如下四个较有特色的阶段：

一、原始阶段

准确地说，这个时期的“岩画”还不是今天普遍认识上的“壁画”的含义，它似乎是一种含有巫术、符号、标记和象形文字用意的记录行为。鉴于它的表现形式，我们称它为“画”。这就是人类造型艺术的起源，也是文化的起源。

我们无法确切地了解当时人类这么做的真实意图。但是，它所制造出的视觉感无疑包含了一定的感染力。即便那时的人们还不具备明确的修饰美化环境的意识，但这种做法本身也体现了人类对美的感悟。原始时期图画的表现形式相当稚嫩，但依我们今天对艺术造型的看法，会感到“它”所富有的一种趣味性和装饰性，以及具有相当高的艺术表现性。

二、古典阶段

这个时期的文化意识形态主要是为统治阶层服务的。艺术大多都被用于宫殿、宗教和墓葬的修饰等。古典阶段堪称环境艺术设计先驱的佳作有：古金字塔、巴比伦古城、古希腊神庙、古罗马雕刻和壁画、庞贝遗迹、中国古代墓室壁画和中国宗教壁画，文艺复兴时期著名艺术家达·芬奇、拉斐尔、米开朗琪罗为教堂所制作的不朽的宗教壁画和雕塑，法国凡尔赛宫、卢浮宫、欧洲皇室宫殿的装饰壁画、壁饰等。这个时期的壁画和雕刻、雕塑艺术都具有较强的地域特征，东方艺术体现出主观营造的装饰风格，西方艺术则体现出尊重视觉客观的写实风格。同时，由于实用的目的，艺术的表现大都体现了一定的内容和情节。

三、现代阶段

19 世纪末到 20 世纪中期被西方看作是现代艺术时期。这个时期的艺术已具有了很强的社会性，艺术观念的更新带来了艺术风格演变的空前活跃：印象派、野兽派、未来派、立体派、达达主义和构成主义等流派前赴后继，艺术思潮的风起云涌也打开了环境艺术表现形式更加宽阔的空间。

现代阶段环境艺术创作中，艺术家较注重自我艺术风格的表现。比较突出的例子是，奥地利分离派主要成员克里姆特，他的装饰风格的壁画带给建筑空间以和谐与优美，同时他把纯粹的金子、宝石镶嵌在壁画上，使壁画呈现出华丽的修饰感和与众不同的材质条件。20 世纪环境艺术注重体现社会现实内容，同时也对南美大陆有着古老文化传统，堪称“壁画之都”的墨西哥艺术产生了极大的影响，墨西哥壁画艺术在 20 世纪同样呈现出强烈的现实主义风貌，西盖罗斯、里韦拉、奥罗斯科等人成为 20 世纪墨西哥壁画的杰出代表。

在我国，20 世纪 80 年代北京机场大型壁画的推出带动了中国以壁画为主体的环境艺术热。在文化复兴的历史阶段里，北京机场大型壁画的积极意义毋庸置疑，它甚至成了一个时期的艺术标准。尽管今天从现代环境景观艺术的整体角度审视仍有反思的必要，但作为特定时期阶段性的产物，北京机场的很多作品仍不愧为杰作。

四、现当代阶段

20 世纪中期至今，环境艺术的公众性和社会性被充分认识，环境艺术设计从艺术高贵的殿堂走进了大众生活场所。它融合到了城市环境的各个空间中，以崭新的存在方式构成了自己前所未有的时代特征。

（一）现当代环境艺术设计强调艺术与环境的总体性

环境艺术设计创作过程中要关注的问题已不仅仅是作品自身的存在，而是要将艺术的审美价值与环境意识相联系。现代环境艺术的界定与传统观念有了根本的不同，其关键在于改变了造型艺术在环境中的定义。现代环境艺术创作的宗旨全在于艺术作品与环境的适合性，以及与在这个环境中人群心理的和谐性。现代环境艺术强调艺术与环境和社会的整合性，与人的互动性而非其他。这是观念性的更新，它改变了造型风格上墨守成规的传承作法，而要求因人、因环境施以艺术的融入，使艺术在环境中展示出前所未有的活力。

（二）现当代环境艺术设计的属性更新

基于对造型艺术隶属于环境又作用于环境的整体认识，艺术家于环境中的艺术创作就更具协同意味。要实现环境对艺术作品的认可或艺术作品与环境的和谐并非易事，它要求艺术创作者关心与收集与此相关的多方位信息。艺术家要从环境视觉、环境功能、环境需要的多种角度来设定艺术表现的形式、尺度、位置，以及材料运用，而只有通过把诸多的相关条件进行合乎意图的计划与安排，才有可能达到艺术与环境整合的完美效果。环境艺术设计最终的结果是艺术的。可整个实施程序却呈现出了相当的规划性，这使得环境艺术设计创作更大程度地融合了现代设计的内容。今天，我们视这个领域的造型“艺术创作”为“艺术设计”。

（三）现当代环境艺术设计与其他艺术种类的相对通融性

这与现代城市景观艺术观念和后现代的观念的提出是分不开的。一方面，现当代环境艺术从环境视觉的角度出发，将环境艺术设计的内容延伸开来，将其引入一些具有实用性的物体的造型表现中。另一方面，后现代的造型价值观，强调空间视觉与心理的感应，致使一些实用艺术形式的表现更为注重审美观赏感受，使其更为接近和体现出了较强的艺术的美感因素。“后现代社会设计”也努力向艺术靠拢，也同艺术一样，随着不确定的情感，制造了一种不确定的时时变化的东西。“设计”作为一个“边缘领域正在突破传统科学的框架”与“非物质”的东西打交道，向主要与精神领域打交道的“艺术领域”接近。于是审美的行为和实用的活动在景观艺术化的整体体现中达到了一种通融。

有时人们很难以一种绝对的尺度来看待环境中的造型，它完全可以在环境中既充当美化景观的艺术行为的角色，又不失其实用的目的。这样一来，艺术创作可以不必拘泥于墙体和空间，而可以以宽松豁达的姿态达到艺术形态对环境的渗透。

（四）现当代环境艺术造型形式手段的开拓性

现当代环境艺术造型形式手段的开拓性的实现主要归功于以下几个方面：

一是现代造型艺术对传统造型观念的彻底冲击致使造型艺术的表现从依从

客观现实的认识中解脱了出来。

二是现代城市设计观念造成了环境空间对艺术造型需求的多样化，给环境艺术创作以更大的发展空间。

三是新材料、新科技的介入造成了造型艺术全新造型的体验。更为重要的是现代社会高度文明的发展综合性地促进了人类文化的不断探求与发展，从而为环境艺术设计领域的开拓与进步奠定了坚实的基础。

第二章　中国传统美学与环境艺术设计

中国传统美学早在先秦时期就奠定了其基本美学思想，并融合了同时期的哲学思想和艺术理论。从中国传统美学理论形态来看，其主要的美学思想精髓包含了以孔子、孟子为代表的儒家思想，以老子、庄子为代表的道家思想，以屈原为代表的楚骚思想，以佛教为代表的禅宗思想及明清思源。由于墨家思想与法家思想太过于强调功利与实用，在运行不久后便逐步衰竭了，后世对它们的传承也微乎其微，在设计美学思想中没能产生很深刻的影响。而楚骚思想大多体现在一些文采艳丽的骚体文学作品中，对后世的骈文、词赋有着明显的影响。就传统审美哲学而言，儒家思想、道家思想和禅宗思想构成了中国传统设计美学思想的基本要素。儒家思想美学、道家思想美学、禅宗思想美学在相互斗争中不断地相互交融、互动互补，形成了“三足鼎立”的局面，共同推动着中国传统美学思想的发展和繁荣，在历史、文学、艺术创作与现代设计中都产生了不可磨灭的影响。

第一节　中国传统美学体系中的设计美学

中国传统美学思想是中国古代关于审美本质和美感体验最主要的基本思想之一，具有极强的独特性、时代性与创造性。

一、中国传统美学思想的主流

在诸多理论著作中，绝大多数学者把中国传统美学思想的主流分为五大类：孔子、孟子的儒家思想，老子、庄子的道家思想，屈原的楚骚思想，佛教的禅宗思想及明清思潮。其中，儒家思想、道家思想、明清思潮是构成中国传统文化的三个基本点，而楚骚思想与禅宗思想是对前三者的补充和调和，楚骚思想是对儒家思想与道家思想的补充，禅宗思想是对儒家思想、道家思想与明清思潮的调和。儒家思想、道家思想、楚骚思想、禅宗思想和明清思潮可以进行多种多样的结构组合，其中儒家思想是中国传统美学的基础主干，而道家思想、楚骚思想、禅宗思想都在不断地突破，同时补充和丰富着儒家思想。对儒家思想、道家思想、楚骚思想的理解，参照中国人民大学美学研究所所长张法的解释，儒家思想致力于建立国家等级尊卑分明而又其乐融融的审美文化，以国家典章制度礼仪为结构，以忠义仁爱为内容，以温柔敦厚为意态，以天下安和为功用。道家思想则是超越制度礼法的“天道”，使人有了真正的与审美清韵相一致的超然物外的“逍遥游”。老子提出的“大音希声”“大象无形”及庄子提出的“以神遇而不以目视”“无听之以耳而听之以心，无听之以心而听之以气”的理念形成了中国传统美学真正的基础。儒家、道家的交叉处，即“无道则隐”，显现了儒家明哲保身的理智一面。楚骚思想不同于儒家思想、道家思想，面对昏庸的君王，屈原不退不隐，为国忘己。有了楚骚思想的补充，儒家思想就有了完整体现：治世之际治国平天下的雅儒、乱世之际的孔颜乐处、乱世之际的舍身忠臣。有了楚骚思想的补充，道家思想形而上的超脱就转化成了独立于朝廷、又独立于乡野的士人情怀，一种山水田园的审美境界转化为陶渊明和王维的境界。

我们提及的禅宗是由六祖慧能创立发展而成的。见性成佛的观点使中国禅宗思想的发展走向了心性理论的道路。慧能明确提出了出世而不离世的修禅方式，从而将禅从一种纯粹的意识领域内的修持方法转化为一种对待现实生活的积极态度，把出世的印度佛教转化为注重现世精神的中国化的禅宗思想。如果说，儒家思想重人为，道家思想尚自然，那么禅宗思想则向人揭示了禅心，只要有一颗禅心，人为即是自然，从而统一了人为与自然的本质区别。也正因为禅宗走向“心性”，才使其更接近设计美学，更接近人类审美特征。禅宗在中国佛教各宗派中流传时间最长，影响甚广，至今仍延绵不绝，使中国传统美学的理想境界从王维的山林之乐转向了白居易的都市之隐，在中国美学思想及艺术创作上有着重要的影响。

明清思潮追求自由、至情的精神，这些思想反映在当时的文学、戏剧及生活状态中，表现为对传统儒家思想、道家思想、楚骚思想、禅宗思想的反叛，甚至是放浪形骸；反映在具有抽象语言特征的书画中，表现为超越常规的狂态，被总结为“放逸”精神。由于建筑的语言特征更为抽象，因此，当明清思潮追求自由、至情的精神反映在建筑中时，也只能表达放逸的精神特征。而本色与个性，则体现在不同的建筑中，是具体建筑特性的反映。

就传统美学自身来说，儒家思想作为其基础主干，仅服务于国家生活秩序，是最不具有设计美学的一种传统美学思想。相反，道家思想和禅宗思想在突破、融合儒家思想的同时，带来了许多实践性的美学思想，道家思想和禅宗思想的设计美学理念在现代环境艺术设计中的体现尤为明显，如道家思想的“大象无形”、禅宗思想的“梵人合一”等。毫不夸张地说，是道家思想与禅宗思想使得以儒家思想为主体的中国传统美学具有了浓厚而丰富的设计美学特征。因此，对儒家思想、道家思想、禅宗思想进行解读，是为了更好地发掘中国传统美学中的审美意境、设计理念与设计美学，也是表达中国传统美学的重点。

二、中国传统美学思想的本质

中国传统美学思想的本质是以中国古代哲学思想与艺术理论为基础的，是中国古代艺术创作的根本美学思想，也是中国古代审美哲学思想。有学者认为，中国的传统设计从来都没有将美视为设计美学的最高追求，其设计的最根本目的是表达当时的世界观与人生观，即表达社会主流思想，美这个体系范畴在中国传统美学中的地位远不如在西方美学中的地位。所谓意象，即象外之象，既有具体的物象特征，更有超越具体物象特征、表达本体情感的“意”。这个“意”，是建立在中国古代世界观与人生观之上的审美哲学。

中国传统美学思想的本质，是一个以味、心、道、同构、文为美而构成的复合互补系统。味之美，是对传统美学本质的本体状态的认识，是将五觉快感对象与心灵理智情感对象的审美快感视为美；心之美，产生于心灵的寄托与表现，是心灵意蕴的象征，是中国古代以抒情达意为主的美学系统；道之美，是心之美的变换升华形态，儒家、道家、禅宗诸家均以不同的道德内涵寄托和表现这种美；同构之美，是将主体与客体在五官与心灵及感情取向和道德象征同构时的快感视为美，是对中国传统美学心理本质的认识，是对美学本质的心理界说；文之美，是中国传统美学在追求以善为美的同时，不对形式美进行否认，是形式美思想的集中体现。

中国传统美学思想是最为核心、最具民族特色的美学思想，发源于中国传统感知经验浑融、道德偏尊的文化土壤，是表现中国古人独特的世界观和人生观的审美哲学。中国传统美学不像西方美学那样，在世界之外去追寻某种超越的形而上的本体，而是把本体融入自然世界之中。中国传统美学的主要思想理念有天人合一、元气自然、自然和谐等。中国传统美学把道家与禅宗看作是宇宙、自然和人性的最高本体，道的概念常常与气、理、心的概念相互替换。在元气自然论中，气既是物质的，也是精神的；既是万物本源，也是宇宙本体。从气的概念引申出一系列理念，如元气、神气、气韵、气概和气质等。中国传统美学把宇宙、自然与人性看成一个整体的不同方面。禅宗思想所提到的梵人合一、空寂、无常、悟、不立文字等理念，更注重体验者自身心境的修行。“心”由我们的思维所控制，所以修“心”更多的是一种自身的悟，是自身思想境界的提升，是一种心灵的启悟。禅宗思想把这种悟称为见道，即在刹那明白心所求、心所执、心所烦，也在刹那明白如何将自己的心放平和，放下执念，与世界合为一体。禅宗思想否定外在的浮夸现象，主张内在的本质特性，对艺术审美特征的表达、设计理念的提出都具有深远的启发意义。因此，艺术审美与设计理念所追求的境界正是儒家思想、禅宗思想、道家思想非语言所能表达的境界，是既确定又不确定的整体意向。中国传统美学和现代环境艺术设计的精神实质也必须放到儒家思想、道家思想、禅宗思想的背景中去理解。

中国传统美学深深影响了古代建筑和传统室内装饰设计，对当时的营造法则和设计理念起到了重要的作用。现如今，虽然生活方式、审美特征都发生了翻天覆地的变化，人们的思想观念也发生了巨大的变化，但作为中国文化瑰宝的传统美学思想在现代设计美学中仍然具有跨时代的意义。传统美学的思想精髓将影响着现代环境艺术设计的思维方式和现代人们的审美观念，丰富着现代环境艺术设计精神层面的内涵，主要表现为以下几点。

（一）整体原则

所谓整体原则，是指设计应该以整体美为前提，始终贯穿于中国传统美学的设计美学原则。整体原则也是现代设计美学的设计审美原则和艺术创作原则。在中国古人的眼中，自然万物是一个有机的整体，艺术创作的使命就是反映、展示、参悟这一整体。在中国美学史上，几乎所有的艺术家都把整体美作为艺术创作的最高追求。

“古者包羲氏之王天下也，仰则观象于天，俯则观法于地，观鸟兽之文，与地之宜。近取诸身，远取诸物，于是始作八卦，以通神明之德，以类万物之情。”（《易传•系辞下传》）在这里，古人告诉我们，对天地万物的把握与体悟，应该在近处取自于自身，在远处取自于万物，采取仰观俯察的方式，多角度、全方位地表达万物的情状。受《易经》太极圆融、天人以和、尚中守正等思想的影响，孔子提出了中和之美。从“乐而不淫，哀而不伤”中，孔子以朴素辩证的观点把握人与自然、人与社会、人与人的三大关系，认为只有持中守正，全面把握对象才能达到中和完美的理想境地，呈现出中和之美，即整体之美。在老子的眼中，自然万物在本质上是不可分割的整体，是可以相互融通的，是一个一以贯之的东西，这就是“道”，世界就是一个完整的自然。因此，老子的美学理论也是建立在整体美的基础之上的。庄子明确指出，“道”的美就是“大美”，所谓“大”，即是整体，“大美”就是整体的美，它广泛地存在于宇宙天地之中。庄子在界定“大美”的同时，也给出了整体观照的欣赏方式，这种方式深刻地影响了中国古人的审美实践。

整体原则，即使环境艺术设计中各个物体通过一种媒介或元素作为连接的纽带相互关联并存，最终形成统一的整体。在环境艺术设计中，整体原则包括精神和物质两个方面。精神方面主要包括设计风格和表达的人文内涵，物质方面则是人们能够切身感受到的，如听觉、视觉、触觉等带给人们的直观审美感受。

（二）生态原则

中国人历来都崇尚自然，强调天人合一、道法自然、梵人合一等美学理念，注重人与自然的和谐共处。这些美学理念与今天所倡导的生态环保、可持续发展原则不谋而合，其目的皆是促进人与自然、人与社会、人与人之间的平等和谐发展。随着生态环境的日益恶化，人们的生态环保意识也日渐强烈，在全世界人民高度提倡生态环保的今天，保护和改善自然环境已经成为人类共同迫切完成的任务。而我国的禅宗思想、道家思想早在数千年前就已经提出了人与自然和谐共处的审美哲学。

1. 对和谐自然的敬畏与爱戴

对中国传统美学的研究表明，我国古代的美学家和艺术家始终都是以一种敬畏与爱戴之心来对待自然环境的。这种对自然环境敬畏与爱戴的态度在设计美学上的具体表现就是对自然的合理运用，这是设计审美和艺术创作最基本的原则。也就是说，在中国传统美学家和艺术家的观念中，艺术创作与设计是否敬畏与爱戴自然是决定一个对象是否具有时代审美价值的重要因素。

2. 对自然之景的欣赏之情

中国古人对大自然表现出了崇拜之情，但对于他们来说，大自然并不是一种凌驾于人类之上、令人恐惧的环境，而是一个可亲可近、令人赏心悦目的审美对象。从古人的文章、诗歌和绘画当中，我们可以深刻地体会到他们对自然之景的欣赏之情。可以说，在中国古人的眼里，自然万物时时刻刻都表现着美的特征。

3. 自然万物的平等一体

中国古代的美学家认为，自然万物与人类一样应该受到平等的尊重对待，具有存在的合理性。庄子明确指出，世间万物在本质上是一样的、平等的、没有差别可言的。我国古人是以一种同情和尊重的态度来对待自然万物的，视其如朋友一般。因此，他们很少破坏自然，总是力求适应自然。

生态环境发展观必须由生态伦理观和生态美学观共同驾驭。现代环境艺术设计首先应当尊重自然、节约能源，尊重自然是生态设计的根本，是一种人与自然环境共生意识的体现；其次要因地制宜，根据不同的地域气候特征、地理因素等条件充分利用当地的材料，延续当地的文化和风俗，将现代高新技术与地方的适用技术相结合；最后，现代环境艺术设计作为使用者与传统美学和现代设计思维交融连接的桥梁，应当在设计中尽可能地将自然环境引入室内环境中，借助自然中清新的空气、充足的阳光来打造室内环境的生态设计，拉近人与自然之间的距离，充分利用自然资源，达到生态环保的目的。

（三）多元原则

中国传统美学的多元原则，主要体现在审美活动的多样性、审美主体的个性差异和创作风格的多元变化上。中国古人在崇尚和感知自然环境的同时，感觉到在自然界和人类现实世界中美的存在形式多种多样，并用各种艺术形式与艺术手法来称颂和表现美。在美学家的眼中，美的形式是丰富多彩的，自然界中任何一种形式的存在都有其独特的审美价值。除此以外，由于审美主体不同，对审美对象的感官和看法也不尽相同，正所谓“各以所禀，自为佳好”。创作主体的个性千差万别，创作出来的艺术作品便呈现出纷繁多样的形式。地域的不同、民俗风情的差异都直接影响着艺术作品的风格，中国传统美学家不仅对这种差异性报以宽容的态度，还提倡创作风格的多元化，同时鼓励传统美学与现代环境艺术设计思维相交融，探索多元化的设计风格。

（四）创新原则

中国传统美学以其独特的气质而自立于世，这种气质来自一脉相承的精神和文化。创新意识是流淌在中国人血脉之中、代代相传的重要精神因素，赋予了中国传统美学特有的精神风貌。

所谓创新，即开放超越、摒弃封闭，换一种视角来看待事物，从而得到一种新的美学思路和设计风格。中国古人在很早时就开始提倡艺术创作的创新意识，并且身体力行，在灿烂的中国传统文化中留下了许多不朽的传世之作及大量的文字论述。在中国古代美学家、艺术家的美学思想中，创新是中国传统美学中一个重要的审美评判标准。中国古代美学家的创新并非违背和离弃大自然的生存法则，而是顺应自然的发展，将自己的美学思想与自然相融合，最终达到天人合一的境界。中国古代不同思想派别的宗旨不同、倾向不同，创新意识的表现方式也不同，但从总体上看，中国人绝不保守倒退、抱残守缺，而是主张温故知新、吐故纳新。

（五）人性原则

纵观中国传统美学的发展历程，其中非常突出的特点就是始终贯穿着关注人、重视人、崇尚人的人本主义情怀。兴观群怨、大道为美、妙悟、意境等理论观点，都是围绕着人的性情与人格精神等方面提出的。这种美学思想引导下的艺术创作充满了对人性情感精神的关注和对生命价值的肯定。中国传统美学的这种人本主义情怀对今天甚嚣尘上的重物不重人的消费主义倾向无疑可以起到一种纠偏指明的作用。对于现代环境艺术设计创建、完善人文精神，营造具有中国特色的现代环境艺术设计文化是一笔十分宝贵的思想财富。

环境艺术设计的最终目的是供人居住和使用，以人为本就是在进行环境艺术设计的时候把人的因素放在首要位置，处处为人着想。这种设计思想与中国传统美学中的人本主义情怀在本质上是相通的。设计师要根据现代人的情感需求和审美要求进行设计创作。由于生理和心理需求、生活习惯、文化层次、阅历等不同，人们对环境艺术设计的需求也不尽相同。将人本主义融入现代环境艺术设计中，不仅能够体现出中国传统美学的精髓，更重要的，也是现代人对情感和审美追逐的过程中所产生的必然结果。

以人为本的现代环境艺术设计思想除了要关注不同消费者心理和生理上的需求，给他们提供更便利、更舒适的工作和生活环境，在精神上给予他们体贴与关怀，还要考虑到环境空间使用的特殊人群（如残疾人、老年人和儿童等）。这类人群具有特殊的使用要求和消费心理，因此设计师在规划休闲、娱乐等公共空间的室内环境时，要将这些特殊人群的需求考虑进去，让他们在便利使用空间的同时也能够感受到社会的温暖。

（六）统一原则

中国传统美学中的尽善尽美、文质彬彬向后人呈现出了形式与内容的关系，只有将美与善相统一才能达到艺术创作的最高境界。在中国传统建筑的设计中，我们普遍也可以看到建筑的结构部件所表现出的双重作用，即在起到支撑和连接作用的同时，又具有非凡的装饰效果。可见，中国古人对美的追求不只是停留在浅显的表面，而是将美与功能相结合，赋予美以实质和内涵。

在现代环境艺术设计中，建筑的结构部件已经很少暴露在外面，我们也无须给结构部件予以装饰。但基于古人这种形式与功能的统一原则，在现代环境艺术设计中应注重功能美与形式美的统一。功能美是形式美的前提和基础，形式美是功能美的增强体现。环境艺术设计的主要目的是为人们的生存与活动创造一个理想的场所，不仅要具有高舒适化与高科技化的实用功能，还要在表现形式方面给人以美的感受。不能因单纯追求形式或突出技术而影响或破坏了其实用功能，也不能只有实用功能而忽视了其外在形式所能唤起的人们的审美感受和审美需求。

（七）适度原则

中国传统美学中的中庸思想一直影响着中国文化的发展，并占有主导统治地位。这种中庸思想要求凡事都要进行有度的限制，不能“不过”，也不能“太过”，要适度。在现代环境艺术设计中，设计师也要把握好这个“度”，在装饰上既不能过于烦琐，也不能过于简单，在尺度和色彩等方面也要考虑均衡，根据实际情况来把握“度”的分寸。马姆斯登说过“适度则久存，极端则失败”，亦是表明在设计中要把握好适度原则。

可以说，中国传统美学反映出的这些现代设计美学原则都是相辅相成的，一种原则的体现需要其他原则的支持才能达到最终的效果，才能达到设计最根本的目的。在建筑与室内设计不断发展的今天，丰富环境艺术设计精神内涵的方法与原则还处于不断的探索与实践中。

三、中国传统美学的继承方式

现代环境艺术设计思维的变化如同对时尚潮流的追逐，不断推陈出新。现代人对环境艺术设计的需求也越来越丰富化、高度化和全面化，在形式上要求富于创新，在精神上要求具有文化内涵。这就需要我们将中国传统美学作为现代环境艺术设计的支撑点，从中汲取精华。虽然现代人的生活需要现代的环境、现代的产品，但不是要中国的现代环境艺术设计丢弃历史、丧失传统特色，也不是全盘西化。今天的环境艺术设计是一个需要强调历史延续、倡导民族性、赋予文化内涵的设计，所以现代环境艺术设计对中国传统美学的继承方式应当是批判、传承、创新、汲取及学习等，从而在现代环境艺术设计中达到古今结合、古为今用、以今为主、为今所用，以及中西结合、西为中用、以中为主、为中所用的目的。

（一）批判与继承

众所周知，中国有着悠久的历史文明，与世界其他民族的文化相比，中国传统美学具有源远流长、绵延不断和气势恢宏、博大精深的特点。对于中国传统美学来说，精华与糟粕并存。在欣赏其独特魅力的同时，要对其不适用于时代的部分进行无情的批判，从而相对地继承。传统文化既是社会文明前进的包袱，又是一种开拓进取的动力；既有因循守旧的保守思想，又包含着革故鼎新的进步倾向。随着新技术、新材料的不断出现，世界文化不断地交流和共融，如果不能否认那些与时代不合拍的传统美学，我国现代环境艺术设计就会远离时代精神，重蹈闭关自守的覆辙。

所谓批判，就是要对中国传统美学中与时代不合拍的美学进行摒弃，批判阻碍我们进步的消极因素。中国传统美学中森严的等级制度，体现在传统建筑与室内装饰中，包括装饰部件、色彩的使用等以及有等级的划分，宫廷建筑与普通民居有着天壤之别。这种等级制度在当时具有重要的意义，但是在讲究人人平等、追求自由个性的现代社会便是不可取和不适用的。

所谓继承，就是要弘扬中国传统美学中的精华，使其在现代环境艺术设计中能够发挥积极作用、推动设计思维前进的美学思想。在分析和研究中国传统美学的过程中，我们了解了古人真知灼见的美学理念，譬如天人合一、崇尚自然、整体为美、虚实结合等，这些美学理念不仅为传统建筑与室内装饰提供了理论依据，也对现代环境艺术设计的文化内涵具有同等重要的指导意义。

（二）去糟粕，取精华

每一个事物都有两面性，在分析事物时要从整体出发，不能片面地看待问题。文化、民族风情、地域差异造就了我们这个多元化的世界，设计师要抓住不同人的文化修养、性格特点去完成每一件优秀的设计作品，设计时要不断地创新学习，在传承中国传统美学思想时，吸收其精华部分，摒弃其糟粕部分。不能盲目重复古人的设计手段，不可一味地摒弃传统，要在尊重历史的基础上有选择地传承中国传统美学，不断地满足人们的需求。设计不是机械的拼凑、收集，只有了解了时代特点和个性需求，才能将精髓融入现代环境艺术设计中，才能不断地进步。

现代环境艺术设计在长期的发展过程中，根据不同地域、不同民族风情和文化底蕴，形成了各式各样的风格和流派。我们在吸收借鉴古人的传统美学设计理念时，应该做到推陈出新、革故鼎新、去其糟粕、取其精华、因地制宜，使每一个元素都发挥其作用。道法自然、虚实结合、返璞归真、梵人合一、自然空灵等传统美学精华是设计师所追求的目标，是现代环境艺术设计的最高审美意境。

（三）综合与创新

综合包括两个方面的含义，一是在对中、西文化的对比研究中，比较中、西美学思想的区别，把握中、西文化的不同特点。对中、西美学仔细地辨别，根据时代的要求，将中、西美学的先进思想有机地结合起来，将其应用到现代环境艺术设计之中。在这一点上，日本值得我们学习和借鉴，日本的现代环境艺术设计在传承本土文化的基础上，不断地吸纳各种可以弥补自己文化不足的思想，形成了双重优势。现代环境艺术设计一定要摒弃自我封闭、盲目排外、夜郎自大的狭隘民族主义偏见，以宽广的胸怀容纳百川，不断地融入和吸取有利于现代环境艺术设计发展的文化和美学思想。二是在对中国传统美学的研究中，决不能从一派一家出发，而是要将各个时代的各个学派，如儒家、禅宗、道家、法家等的美学思想加以认真的研究，从而全面、综合地找出适应现代环境艺术设计的新思想。综合是一种全面的、比较的、分析的、鉴别的综合，是一种与创新紧密结合的综合。

创新是指在综合基础上的一种新的艺术创造，是根据社会发展、历史进步和时代要求所进行的一种崭新的艺术创造。对中国传统美学的创新，要根据现代技术与材料的发展程度，以及现代环境艺术设计中人与人、人与物、物与物的关系，将中国传统美学思想进行升华，进而将其融入现代环境艺术设计中。如将古人整体意识的创新，表现到现代环境艺术设计中即是室内与家具的一体化设计、整体情调的营造等。我们也可以将古人在造园中借景、移步换景等的设计手法应用到现代环境艺术设计当中，这都是对中国传统美学的创新继承。

（四）古法再现

中国古代建筑的装饰艺术设计给后人带来的是无数的惊叹与震撼，其中的思维方式和创作手法充分体现了中国传统美学中美善统一、崇尚自然、虚实结合、梵人合一等美学思想，从而形成了中庸之美及天人合一等审美哲学。在现代环境艺术设计中，我们虽然不能将传统的装饰艺术全盘直接加以引用，但是我们可以从蕴含着传统美学的创作手法中寻找设计灵感，将古人的艺术创作手法通过转换、变通等方式辩证地融入现代环境艺术设计的创作之中。例如，西方古老的文明留下了黄金分割，并被公认为最具有审美意义的比例；中国传统建筑则受到《易经》的影响，在开间、台阶、配件中形成了崇尚奇数和九的习惯，这与中国传统文化中礼的制度息息相关。在传统室内设计中，内外空间的关联性、内部空间组织的灵活性等创作经验，对于现代环境艺术设计而言，仍然具有重要的意义。

总之，要将中国传统美学融入现代环境艺术设计中，应该坚持从国情出发，坚持以今为主、为今所用，辩证取舍、择善而从，积极吸收借鉴中国古代建筑大师的成功经验。

第二节　中国传统美学中的儒家设计美学

现代环境艺术设计在我国呈现出两种主要的表达方式：一种是在全球化冲击下国际通用语境下的表达方式，另一种是在我国传统美学元素语境下的表达方式。在全球环境艺术设计多元化共生的现状下，这两种表达方式都是我国现代环境艺术设计发展的必由之路，而且互不矛盾。特别是我国传统美学元素语境下的环境艺术设计，在经济与文化越来越全球化的信息时代里，有着比前一种表达方式更重要的意义。

我国传统美学中的设计美学主要由儒家、道家、禅宗等三家的设计美学组成，这三家的美学思想也是中国传统美学的三个最坚实的支柱。儒家思想中“君子比德”，即“美善合一”的自然观和“人化自然”的哲学理论启发了人们对自然山水的尊重，使得我国的环境艺术设计在其生成之际就如此重视筑山和理水，奠定了现代环境艺术设计的基础和发展方向。时至今日，儒家美学没有因为它诞生于封建社会而被时代淘汰，其吸优吐劣的自我升级能力让儒家美学始终与我国社会共存共兴。

一、儒家美学的思想体现

（一）儒家美学的思想特征

儒家美学产生于春秋时期，其美学思想的代表人物是孔子和孟子。作为儒家思想的创始人，孔子在美学思想上起到了承前启后的作用。他对春秋以前的美学思想成果进行了全面的梳理总结，形成了完整的中国传统美学基础体系，并为儒家传统美学的发展奠定了核心基础。

1. 尽善尽美

尽善尽美的美学思想是孔子在《论语·八佾》里评论美善关系问题时提出的具有深远意义的看法和重要审美标准，“子谓韶：‘尽美矣，又尽善也。’谓武：‘尽美矣，未尽善也。’”它不仅属于一种针对特定审美对象的审美标准，还是中国传统美学的核心思想之一。在中国，很长时间以来大家认为善即是美，美就是善，二者混沌不分。孔子第一次把美与善明确、系统地区分开来，对艺术设计之美与人们所追求向往的善，孔子提出了既统一又有区别的观点。从物体本质上讲，“美”通常是指能直接引起人们生理与心理变化的感性形式，是社会中每一个个体包括审美在内的各种感性心理欲求的外化；“善”则是体现伦理道德精神的观念形态，是特指社会性伦理道德观念的积淀。这种区分实质上是将儒家至善至美的德行形象地贯穿到了美学思想理论中。“美”是事物的外在形式表现，“善”表达的则是事物的内在美，也是理想型事物的最终体现。孔子认为“美”的东西不一定是“善”的，“善”的东西也不一定是“美”的，只有将“美”与“善”统一起来才是最完美的追求。即只有形式与内容统一，才是环境艺术设计的最高美学境界。

2. 中和之美

数千年来，中国美学界一直把孔子思想的“思无邪”作为审美标准，人们在全面、准确地研究了孔子的审美标准以后，发现孔子继承和发展了前人“尚中”“尚和”的思想，形成了独特的中和之美的美学思想，并在此基础之上提出了中庸的美学原则。“中”是指力求矛盾因素的适度发展，使矛盾统一体处于平衡和稳定状态，“和”就是多样或对立因素的交融合一。具体地讲，中和之美就是指结构和谐、内部诸多因素发展适度的一种美的形式。

孔子的中和之美思想强调情思的纯正和情感的恰当表现，并提倡以适中、适度为原则，最终形成和谐统一的平和美。无论对自然美、社会美还是艺术美，孔子的美学思想均是从中庸原则出发，以“中和”作为审美标准。中和之美是他的最高审美理想，也代表了多数人的审美趣味和愿望，对环境艺术设计产生了巨大的影响。

3. 礼乐思想

中国传统美学思想中除了包括对艺术作品审美的追求外，还包括人类的行为所应该遵守的“礼”。在孔子思想确立以前，“礼”和“乐”都受到了重视，但是两者是分开谈论的，谈“礼”就是“礼”，谈“乐”就是“乐”。孔子思想确立之后，即把“礼”和“乐”这两者统一形成了系统的体系，成了礼乐思想。礼乐思想中的“乐”是要为“礼”服务的，“礼”在中国传统文化中是和地位结合在一起的。孔子在他的礼乐思想中主张等级制度，不同地位、不同等级的人所享受的待遇和拥有的权力是不相同的。

孟子的美学思想在很大程度上可以说是孔子美学思想体系的继续。在孟子所著的《孟子》七篇中，除了对尽善尽美、中和之美和礼乐思想做了进一步的阐述提升以外，还首次界定了“美”的定义，极大地丰富和延续了儒家的美学思想。

（二）儒家美学在环境艺术设计中的美学理念

先秦时期是承前启后的时期，社会文化发生了激烈变革，一方面摆脱了原始巫术的神秘感，另一方面奠定了中国千年的人文基调和传统文化心理构架，形成了中国传统美学的根源。儒家美学对我国艺术设计产生了重大影响，并且形成了一种造物的价值观念，这种价值观念深深地影响着人们，使得造物成了中国伦理美学的物化表现。

随着科学技术与工业文明的发展，人类从自然中获取了巨大的财富，但同时也引发了人口大量增长、环境污染和自然资源匮乏等严重的生态危机，并直接危害到人类自身的生存环境。在这种情况下，国际社会提出了“可持续发展”理念。在现代环境艺术设计中，也产生了可持续性设计、绿色设计、生态设计等一系列现代设计美学理念。设计是一门实践性和参与性很强的造物活动，要从根本上改善生态危机，除了在具体环境艺术设计中要有明确的生态环保观念外，还要将生态环保设计美学融汇于设计者的设计理念之中。而这样的生态环保设计美学早就已经在中国儒家天人合一美学中培育萌芽，因此我们应该从儒家美学传统的生态理想中得到启示，在现代环境艺术设计中构建新的生态环保美学。深刻了解儒家美学中的生态美学意识对中国现代环境艺术设计的影响，有助于我们从更深层次上挖掘中国传统美学的精华及其深刻的审美哲学根源，使儒家美学更好地为现代环境艺术设计服务。

1. 天人合一

儒家美学的天人合一思想最早出现在《易传》和《中庸》中。以德配天的思想是西周时期的神权政治学说，这一思想内涵主张人要与自然环境相互适应、相互协调。作为中国传统美学主流思想的儒家美学、道家美学及禅宗美学都主张天人合一，虽然这三家美学思想在内涵上各有所指，但其主张人与自然和谐共生的思想是一致的。

从生态伦理学的角度来看，儒家美学认为天人合一中的“天”是指“自然之天”，是广义上所指的自然环境，“人”指的是文化创造及其成果。所谓天人合一，主要是指人类和自然环境应该和谐共生、密不可分、共存共荣、相互促进、协调发展，这就是天人合一，这也是天人合一的宇宙观，它解释了人在宇宙中的角色和位置，人不是大自然的奴隶，也不是自然环境的主宰者。因此，在现代环境艺术设计中，我们要树立一种天人共生一体的观念，破坏自然环境就等于毁灭自身。这种朴素的天人合一的宇宙观正是现代环境艺术设计生态美学价值系统的逻辑起点。（见图 2-1）

图 2-1 建筑与树共生

2. 万物一体

儒家美学万物一体思想的核心是和谐秩序观。“大人者，以天地万物为一体者也，其视天下犹一家，中国犹一人焉。若夫间形骸而分尔我者，小人矣。大人之能以天地万物为一体也，非意之也，其心之仁本若是，其与天地万物而为一也。”（《王守仁·伏学问》）这种美学意指在环境艺术设计中，要在设计意识、设计理念及技术手段上，用全球一体化的眼光发展本土化、民族化的设计，体现传统美学内涵、民族特色，以求同存异和和而不同的心态加强国际合作。

3. 仁者爱物

《礼记》记载：“断一树，杀一兽，不以其时，非孝也。”“开蛰不杀当天道也，方长不折则恕也，恕当仁也。”这些美学理念充分体现了儒家美学道德理念对礼、义、仁的强调，人类要把对自然万物的爱物惜生之情和爱人悯人一样视为儒家美学思想中的应有之义，以“爱物”作为行为规范。“爱物”就是要做到“取物以顺时”“取物不尽物”。这种仁爱自然万物的思想正是现代环境艺术设计必须遵循的设计美学法则，是现代环境艺术设计师最需要培养的，它使设计造物在人的需求与自然资源之间求得了生态伦理上的平衡。人们只有具备仁爱精神后，才能做到“应之以治则吉”“强本而节用，则天不能贫；养备而动时，则天不能病；修道而不贰，则天不能祸”（《荀子·天论》）。在环境艺术设计中，应把“爱物”体现在“循道不妄行”上，把“仁爱”体现在“不为物欲所役使”上，将道德观念与艺术设计审美结合在一起。

儒家美学强调设计造物要包含道德内容，即“爱物”与“仁心”要统一，如此才能达到尽善尽美的审美要求。在环境艺术设计中，“善”可以理解为设计的功能内容，“美”可以理解为设计的形式。“善”与“美”的统一就是环境艺术设计所表述的功能与形式的统一。（见图 2-2）

图 2–2　利亚纳温泉度假酒店

儒家美学的天人合德思想是中国传统美学价值观的体现与取向，是对人类价值观的探讨，儒家美学思想认为人价值的实现在于天人合德。因此，环境艺术设计应该围绕“天地之大德曰生”的设计美学理念，把“人—社会—环境”统一成共生体，把设计过程看成是一种生生不息的过程，遵循历史的前进规律和自然的发展规律，以“生生之德”成就人与自然万物的和谐共生，以天人和谐相适作为社会发展第一位的目标。

儒家美学实质上走的是由“形而下”到“形而上”的“下学上达”的认识思维路线。在阶级社会里，设计造物被视为用以载“道”的“器”，造物艺术不仅仅是在创造物质财富，更具有强大的政治功能，这种造物观念深深地影响着中国传统设计文化。中庸原则也对环境艺术设计及现代社会发展有着极其重要的参考价值。（见图 2-3）

图 2-3 自然和谐的景观设计

（三）儒家美学对环境艺术设计的影响

建立在农业文明基础上的儒家美学没办法提出现代社会的设计美学理念，但其蕴含着的丰富的生态美学意识却对现代环境艺术设计的设计原则、设计理念、设计思维方式和设计评价标准有重要的借鉴意义。儒家美学也是我们在现代环境艺术设计中重建新时代民族风格的思想源泉。

1. 揭示了环境艺术设计的发展过程

子曰："天何言哉，四时行焉，百物生焉，天何言哉！"其意指设计造物活动是动态的发展过程，造物的对象在这个过程中被创造出来，并服务于其他的造物活动，直至消亡。设计的各种因素和各个环节都被动态地统一在一起。设计过程不再是孤立静止的，而是运动变化着的。

儒家美学天人合一思想的内在要求就是以天道观人道，以人道合天道。天人合一设计美学与环境艺术设计中的可持续性设计理念相通。儒家美学的这种思想反映到设计美学观念上，就是通过模仿自然来表情达意的各种艺术形式，要能够将自然、宇宙跟人的性情、道德联系起来，并在造物活动中体现出儒家美学对人、自然、宇宙之间关系的理解。在设计过程中，要考虑到材料的运用和造型的选择及使用与人的心理、情感和道德准则的呼应。环境艺术设计不仅要具备实用功能，还要让使用者联想到人文价值、精神关怀和自我意识，联想到美好的事物，在设计与人之间建立一种极为微妙的情感联系。设计者要将外在自然物人性化，使环境艺术设计与人的情感、道德、理想相呼应，通过物质材料来表达对美好的向往和称颂。同时，可以借助设计形态来体现发展变化与和谐统一的审美法则。

2. 确立了环境艺术设计中人的主体性

儒家美学是以“仁学”理论为基础的美学思想，具有极浓的政治色彩，同时也构建了一定的理性精神与民主系统。体现为，人格美为“仁学”的核心基础，艺术美与自然美是对人格美的自然延伸与发展。儒家美学的基本理念是“仁、义、礼”。仁学，确立了人的主体性，提倡尊人之道、敬人之道、爱人之道和安人之道，《论语》中上百次地提到“仁”，体现了“仁”的理念本身就具有审美性，具有非概念的多义性、活泼性和无穷尽性，这也寓意着人的最高境界即是审美。

环境艺术设计是“人为事物的科学”，设计的根本目的是人，讲究人的创造性和主观能动性。环境艺术设计是满足人的心理需求和欲望的富于想象力的设计活动，设计不仅仅是个人理念的表现，也是对生活现状的改变。儒家美学这种对人主体性的肯定为设计目标的实现提供了美学理论依据，更突出了人在自然中的地位，使人在整个历史中成为主动者。这种思想契合了环境艺术设计创造性的本质，揭示了设计的运动性，提倡主动去探索设计的内在本质和新的创作方法，对启发设计思维有重要意义。

3. 协调了环境艺术设计主体之间的关系

儒家美学天人合德的思想表明人是设计的主体，具有创造性和主观能动性，但在改变自然的造物活动方面，我们必须尊重自然的生态美学。现代生态美学在观察解释世界的同时改造着世界，不是单纯地以人为尺度，也不是单纯地以自然为尺度，而是以人与自然的关系为尺度。依据人—社会—环境这一生态系统整体性的观点，从人的角度来考察自然环境，从自然环境的角度来考察人。这种整体的、共融的设计思想反映在环境艺术设计中，就是从整体的角度考虑各设计要素之间的关系。小的方面就是考虑设计者、消费者、使用者与设计的生产成本、设计结构、设计风格等方面的和谐，大的方面就是考虑人、社会、环境之间的整体和谐。可见儒家的生态美学思想对环境艺术设计正确处理人—社会—环境的关系具有重要的指导意义。

儒家美学从天人合一的基本观点出发，把整个自然环境看作是统一的生命系统。孔子首先提出了“仁爱万物”的主张，这一美学思想协调了人与自然环境的关系，把人的道德原则扩展到了自然环境的生态中去。“仁者以天地万物为一体”，这一儒家美学观点能使人深刻地体会到其中蕴含着的丰富的生态伦理的美学意义。儒家美学从本体论上就认为人和万物同源，是息息相通的有机系统。这就将人和自然、人和万物统一起来，从整体的角度尊重自然，而不肆意妄为。

现代生态环境设计作为环境艺术设计领域里的一种新的设计形式，是按生态学原理进行的人工生态系统的结构、功能、代谢过程和产品及其工艺流程的系统设计。生态环境设计遵从本地化、节约化、自然化、进化式、人人参与和天人合一等原则，强调减量化、再利用和再循环原则。这种设计形式按照自然环境存在的原则，与自然相互作用、相互协调，对环境的影响最小，是能承载一切生命迹象的可持续发展的设计形式。如果设计师能把这种“天地万物一体”的整体设计思维和设计观念应用到环境艺术设计过程中的话，那将会迸发出无限的创意和构思，设计的内容也将更加丰富，设计将不再只是单纯的形式与功能，也不仅仅是单纯意义上的人—社会—环境之间的协调一致，环境艺术设计将扩展到更广阔的“天地万物”范围。儒家的设计美学观强调人与自然万物的内在联系，强调自然运化的生命特征，肯定人与自然万物的差别，注重人文价值，强调人与社会的生存价值，肯定主体德行的价值。在生态设计实践观上，儒家美学强调发挥人的主观能动性，肯定主体对人与社会、人与自然关系的协调作用。总而言之，先秦时期的儒家美学对环境艺术设计产生了重大影响，奠定了中国异于西方国家的民族文化、民族艺术和民族性格。

二、儒家美学的环境艺术设计启示

（一）“仁”是环境艺术设计的基础

儒家美学的核心是“仁”，实质上是追求人与人、人与环境之间的和谐共处。在封建社会，“仁”是维护封建道德等级的核心工具；在现代社会，“仁”是在思想上积极催人向善的因素。“仁”体现在环境艺术设计理念中，是我国传统美学的基础思维方式，又与西方人文主义设计精神不谋而合。环境艺术设计理念是以人为本，儒家美学中的“仁”就是以人为本的有力支撑。环境艺术设计的理念首先要在功能性、艺术性上以人为基础，要服务于人。否则，设计师合理的设计理念就无从谈起。

环境艺术设计师在面对设计需求时，面临的最大问题就是要在设计的相对美形态和人性需求之间做一个折中选择，往往如果这个问题处理不好的话，环境艺术设计活动也就无从谈起。设计的相对美形态与人性需求之间的矛盾在国内外的环境艺术设计活动中都是一个主要矛盾。如果用儒家美学中“仁”的观点解决这个问题的话，结果就会变得比较理想。

儒家美学"仁"的理念中有"己欲立而立人,己欲达而达人"(《论语·雍也》)以及"己所不欲,勿施于人"(《论语·卫灵公》),这都是谈人与人之间的关系的。设计师本身为人,客户亦是人,他们相互之间的矛盾来自设计师自身对设计相对美的认知和客户本身对设计的需求。儒家美学的"仁"在现实社会中有很强的实践特性,往往"仁"的境界和状态都能从现实事件中得到体现。而环境艺术设计也是如此,设计如果不经实际工程的考验,往往都是纸上谈兵,不能算作成功的作品。客户对设计有实际功能需要和自身喜好,设计师应以尊重客户需求为大前提,尽可能以美的形态保证审美的体现。环境艺术设计的审美没有普遍真理,只有相对的美和丑,但客户的需求是设计中不可回避的重要因素。设计师不是艺术家,设计师的价值在于其设计为人所用,具有时代审美特性的设计。所以,环境艺术设计师的"仁"是舍弃自身对美的追求而成全客户的需求。设计师只有用"仁"心去面对每一个不同的客户,才能使自己有更多的机会去实现设计理想。(见图 2-4)

图 2–4　空间环境的和谐设计

(二)"礼"是环境艺术设计的标准

儒家美学中的"礼"是维系封建社会等级秩序、共生和谐的道德规范与保障。"礼"实质上就是规矩、秩序和遵循的代名词。在我国传统美学思想的发展过程中,"礼"以固有的数字、颜色、纹理、式样和陈设等形式展示在各个角落,维护着封建社会的等级、秩序和宗法。如北京故宫三大殿的屋脊瓦片,采用金黄色的琉璃瓦，数量与《易经》中所说的天数相符，其他任何建筑都不可复制，因为这是皇权的象征；苏州私家园林建筑的内饰、梁柱的彩绘与主人的身份、地位相契合，既不能超越，更不可低贱，而且还充分反映了园林主人的喜好和追求。可以说，“礼”无处不在。在现代环境艺术设计中，儒家美学的“礼”作为现代环境艺术设计标准也有着不可或缺的地位。以“礼”为标准的设计理念由过去服务于封建法统，演变为当今的服务于广大人民群众，通过设计中的材质、数理、装饰样式等元素，起到了服务国家、服务社会的作用。（见图 2-5）

图 2-5 黄山雨润涵月楼酒店

（三）“天人合一”是环境艺术设计的理念

中国传统美学最古老的美学命题之一就是“天人合一”，它不是哪一个固有思想、宗教流派的专利，而是每一个思想、宗教流派不可回避的美学理念。孔子提出的儒家“天人合一”美学思想论证了人与自然环境之间的关系，是最为完善、最为科学、最为合理、最具智慧的中国美学思想之一。追求环保理念是环境艺术设计必然遵循的理念，而儒家美学的“天人合一”正是讨论人与自然环境之间和谐关系的理念，存在着正确对待人类本身和看待自然两个方面的要求。（见图 2-6）

图 2-6 Payande Hill 山野别墅

（四）“克己”是环境艺术设计的意识

儒家美学的“克己复礼”思想是孔子在对人的伦理道德塑造中提出的概念，重点在于“克己”，就是克制私欲膨胀。世界发展带来的环境危机，大多数是人类为满足自身私欲而产生的。对环保生态理念的呼吁迫在眉睫，产生与发展于人类生活的各个角落。在环境艺术设计中融入环保生态理念，就要先从设计师本身实现“克己”，再实现环境艺术设计作品的“克己”。

1. 强化设计的生态环保观念

作为环境艺术设计师，要从“克己”入手树立强烈的生态环保观念，在设计中更多地加入生态环保元素。“克己”对设计成本提出了更高的要求，不仅需要更多地关注设计理念中生态环保的思维方式，还需要更多地投入生态环保材料。“克己”观念在儒家美学看来是一种“义举”，是在舍弃自身需求的前提下，满足其他人、事物需求的最佳处理方法。对于环境艺术设计师来说，树立和形成生态环保理念，直至使其成为自己的设计习惯，需要大量学习生态环保知识，进行生态环保实践研究，舍弃更多的非生态环保设计思维和方式，舍弃更多的商业利益追求。实现更健康、更环保、更生态的人居环境是环境艺术设计师的责任。

2. 追求作品的生态环保理念

在环境艺术设计师树立自身生态环保理念的同时，生态环保的设计作品也自然随之不断产生。生态环保的环境艺术设计作品主要从空间设计促成生态环保的生活方式和保持材料健康生态两个方面来表现。在环境艺术设计作品的空间设计中，应以“克己”作为设计的基础。在空间环境设计中，应尽量物尽其用，不让任何一个空间浪费。密集的人口和快节奏的生活是人类社会未来的发展趋势，节省资源和简化生活轨迹就成为生态环保概念的一部分。对空间环境的充分利用，减少生活、工作的空间环境中的烦琐部分就成为空间环境设计规划的重要内容。在设计的材料选择上，应忽略材料价格上的差别而专注于生态环保材料的选用，生态环保材料对人的健康生存有利，而且可以有效减少对大自然的无限制索取。（见图 2-7）

图 2–7 南昆山十字水生态度假村竹别墅

第三节　中国传统美学中的道家设计美学

一、道家美学的思想体现

（一）道家美学的思想特征

从中国传统美学心理结构的深层意义上看，以老子、庄子为代表的道家美学对中国传统美学和艺术理论产生了深远的影响。老子的美学思想作为中国传统美学的起点，是道家美学的重要组成部分。庄子在老子的基础之上，对道家美学进行了升级。他们都从审美哲学的立场上提出了一些很有价值的美学观点，给世人在艺术创作与设计审美上带来了一定的启示和影响。

1. 崇尚自然朴素观

“自然”是中国传统美学中的一个重要理念，也是历代艺术家追求的终极目标。“自然”一词含有自然而然、不求雕琢、摒弃做作之意，是事物本来的样貌。把这些词汇放在中国传统美学中，便有了从容雅淡、朴素、精神的自由和技巧的解放之意，道家美学崇尚自然和朴素之美的理念表现在以下几个方面。

（1）返璞归真

道家美学把自然之“道”看作现实世界之美的根源、万事万物的本源。事物的体现只是局部的“道”，而非整体的“道”，整体的“道”只能体现在大自然之上。

（2）美真统一

主张真善美的统一和谐，反对矫揉造作。遵循自然朴素之美是最高境界的美，就必须以自然和谐为法则，不能违背自然发展规律，应顺应自然，崇尚不事雕琢的自然之美。

（3）内在之美

推崇事物的内在之美，主张美丑相对、美丑泯灭。在崇尚自然朴素之美的同时，不能只着眼于事物的外在表象形式，应该注重强调事物的内在之美。道家美学理论中表述“美”时，强调了事物的内在之美，把道德和人格放在了美的首位，而外在的表象美只处于相对意义的从属地位。内在的“丑”可以销蚀外在的“美”，内在的“美”可以抵消外在的“丑”。

2. 虚实结合审美观

道家美学提出了许多设计美学观点，其中“有”与“无”、“实”与“虚”的思想理论为中国传统美学提供了一条重要的审美原则。“天下万物生于有，有生于无”（老子《道德经》第四十章）。“有”和“无”构成了宇宙万物，如地为有，天为无，地因天存，天因地在，缺其一则无另物。世间万物都是“有”和“无”的统一，或者说是“实”和“虚”的统一，统一即是美的境界。

虚实结合的美学理念认为，艺术创作时虚实结合才是艺术创作的内在规律，才能真实地反映有生命的世界。无画处皆成妙境，无墨处以气贯之，这是“虚实相生”“计白当黑”的美学反映。“此时无声胜有声”“绕梁三日，不绝于耳”是有声之乐的深化与延长。这些其实都是道家美学“大音希声，大象无形”的具体发展。“实”与“虚”的美学思想在传统美学设计手法中也有深刻的体现。

（二）道家美学在环境艺术设计中的美学理念

从中国传统美学的传承性上研究，后世的各种美学思想和观念都与道家美学有着千丝万缕的联系和密不可分的关系，并有诸多美学和设计观念是道家美学的衍生和发展。道家美学思想为中国传统美学开了先河。

1. 道法自然

道法自然是道家美学最基本的核心内容，“自然”“天文”和“人文”的概念是在先秦时期提出的，“观乎天文，以察时变；观乎人文，以化成天下”。观察天道运行规律，以认知时节的变化；注重人事伦理道德，用教化推广于天下。“人法地，地法天，天法道，道法自然。”（老子《道德经》第二十五章）简单阐释为人要以地为法则，地以天为法则，天以道为法则，道以自然为法则。

道家美学研究分析了人类和宇宙中各种事物的矛盾之后，精辟概括、阐述了人、地、天乃至整个宇宙环境的生命规律，认识到人、地、天、道之间的联系。宇宙的发展是有一定自然规则的，要按照其自身完整的变化系统，遵循宇宙自然法则。大自然是依照其固有的规律发展的，不以人的意志为转移。所以，大自然是无私意、无私情、无私欲的，也就是我们提倡的所谓道法自然。

2. 大象无形

“大音希声，大象无形，道隐无名”（老子《道德经》第四十一章）理念诠释了人类对待事物的审美应当有意化无意，大象化无形，不要显刻意，不要过分主张，要兼容百态。对于人的基本矛盾，老子提出了一种本原语境下的解决方案，同时也衍生出了道家美学的另一本原元素“象”。大象无形的说法是在老子道家思想审美层次至高至极的境界条件下提出的。因此，道家美学的出发点是观象论道。但是，在和名的比肩对举中，倒有一种理性的自足。因为象是名的分化形态，它必须对照它的对立物——名，说明自身的意义。因为在老子《道德经》美学思想的核心价值中，“自然”与“自化”验证了一种绝对唯一的个体自由的“无待”信仰。

《道德经》认为，人、地、天都是各有“法”的。而道的“法”因为相对于“有法”而复归于再也无法可法了。因而，象之美学是指归属于一种无可言表的固有信念。这种信念是每个人不同的人生观所造成的，名和象由此分开，形成了代表各自的审美特性，更能凸显其生态魅力。

3. 贵柔尚弱

道家美学中对设计的审美态度皆由“道”的观念出发，而并不着眼于审美与艺术创作的关系。“道”这一美学思想的本意就是“道之尊，德之贵，夫莫之命而常自然”（老子《道德经》第五十一章），“贵柔”而致“尚弱”。老子思想中曾提出事物本没有相互对立，事物都是互相联系、互相依存、互相转化的。静和动是可以互相转化的，柔弱的事物在一定的条件下可以变得刚强，变得坚韧有力。主张用柔弱来战胜刚强，阐述了以静制动、以弱胜强、以柔克刚、以少胜多的思想理念。

老子美学思想中很注重“贵柔”，“天下莫柔弱于水，而攻坚强者莫之能胜，以其无以易之。”（老子《道德经》第七十八章）天下没有比水更柔弱的了，但是冲击坚硬的东西没有能胜过水的，因为它是无可取代的。弱能胜强、能克刚，温和柔韧才是生活的正途。所谓“知雄守雌”“知白守黑”，道家美学思想里，崇尚柔的美学精神从整体上倾向于与大自然的亲和，也从单体造型上强调柔美自然的风格。

4. 游之美

道家美学中“游”的思想理念，是指人的精神基于现实所能达到的至高至极的自由状态，是忘己、无我、忘物的统一，消减了人的价值观和是非观，是自然纯粹的精神状态。“游”的美学精髓是“道”作用于人的时间，进一步彰显了“大美”的内涵和道家美学思想的现实意义。道家美学的“游”是让人明白“万物皆出于机，皆入于机”的道理，从而实现“为善无近名，为恶无近刑”的人与道的“和”，达到忘年忘义、至美至乐的人生境界与艺术创作的至高意境。由此可知，人通过超越自身属性，实现了人与自然环境的和谐统一，把握自然环境达到高度自由，这一自由超越了物质和精神的对立，不强调物质与精神。这就是“忘我”“忘物”的游之魅力，是大包容、大和谐，诠释了何为“大美”。

5. 清之美

道家美学中“清”的思想理念作为自觉的文化审美追求，是审美意识的最高境界。这一审美意识直接影响着个体和民族群体审美观念的形成与审美趣味的取向，中国传统文化中对“清”的审美追求是无止境的。道家美学最早是用水的清澈与渊深来寓意“道”的自然本性的，“清”即是“道”的特征，“清”寄托了道家美学对大道之美的追求。道家美学有时将“天道”“自然”称之为“太清”，“太清”是天道的理想境界。“清”作为“道”的一种状态与反映，是一种原始的、本真的状态，是自然而然的。“天无为以之清，地无为以之宁。”清澈澄明、清静无为正是人类所应效仿和遵循的。道家美学思想将“清”看作是最高的精神境界，人生的终极理想就是达到“清”的境界。

二、道家美学的室内环境设计体现

（一）道家美学在室内环境设计中的美学特性

1. 守“常”

道家美学对时空观念有一个基本的倾向，认为“变”是宇宙中一个不争的事实。变化并不代表杂乱无章，而是有一定的原则存在的，这就是道家美学中所说的“常”。“常”这个理念很重要。中国传统室内环境都是发展到一定程度便适可而止的，它的构成以规整、简单的矩形为主要空间形态。只有当整体布局以院落和轴线布置空间环境时，才有可能出现其他的形状。通常也不会产生奇形怪状的空间形态，自由灵活的空间形态相比规整、简单的方正形态少之又少。（见图 2-8）

图 2–8　西溪建康体验馆

2. 崇“无”

道家美学认为，自然万物的本原为“道”。“道”是空虚无形、形之无象的，但它又是真实存在、深邃悠远的。“无”是道家思想的本质特征，“无，名天地之始；有，名万物之母。”（老子《道德经》第一章）“无”就是说天地浑浊未开的时候，“有”则代表宇宙的本源。“有”与“无”之间是互相依存、互相交融的，“无”比“有”更能表达事物的根本。后来设计美学中崇尚“虚无”的意境就是受到了道家美学“有无”思想的启发。

3. 贵“静”

道家美学关于“静”的理念在建筑外部空间和内部空间中都有所表现，如在中国古代村镇的街道布局中，人们常将住宅入口设置在小巷人流量较小而相对较“静”的空间处，从而更有效地控制门前的领域，将空间的“静”纳入自家入口的空间秩序之中，使之成为其住宅入口空间的组成部分。（见图 2-9）

图 2–9　空间环境中的静谧设计

在道家美学看来，事物的发展是循反守静的，反即返，意循环往复。在建筑空间环境表现上，则体现为循序渐进、序列极强、曲折、蜿蜒、反复的线路。正所谓“山重水复疑无路，柳暗花明又一村。”（陆游《游山西村》）这种一明一暗、一开一合的空间序列变化，相互渗透、相互转化，即是古人所言的“一阴一阳之谓道”，但这种序列并不只是简单的重复。入口的天井相对于街道而言是比较狭小的，但是相对于室内环境则比较广阔、灵活，这又与《易经》中所说的“一阖一辟谓之变，往来不穷谓之通”的道理很相似。这种空间序列或线路变化反复、一阖一辟的典型例子在中国古代皇家建筑和江南名园建筑中经常出现，在现代环境艺术设计中也有所体现。（见图 2-10）

图 2–10　深圳回酒店

4. 虚实相资

道家美学认为，宇宙万物是变化发展的、有存亡的，这是阴阳结合、虚实相资的结果。“三十辐共一毂，当其无，有车之用。凿户牖以为室，当其无，有室之用。故有之以为利，无之以为用。”虚实结合的美学理论认为，艺术形象必须要有虚实相资、有无的相互交叉、相互结合，这才能真实地反映自然生命的境界。“有”与“无”、“实”与“虚”在室内环境艺术设计中相生相连，缺一不可。离开了空间构成的要素实体，则空间就不能成为空间；没有“虚空”的空间不能达到一定的功用，则失去了其存在的价值。

（二）道家美学对室内环境设计的启示

道家美学思想亘古绵长，内涵十分丰富，伴随着木结构建筑体系产生和发展起来的中国传统室内环境设计，已经走过了数千年的历程，以其自身蕴含的美学思想和文化特质而独树一帜。从其在千百年来的艺术创作和审美设计表现来看，结合现代生活环境和生活习惯，我们可以悟出一些道家美学对室内环境设计的启示。

1. 动静结合

道家美学认为，宇宙是阴阳的结合，是虚实的结合，宇宙自然万物都在不停地变化、发展，有生有灭、有虚有实。中国的传统建筑环境本身就很注重空间“虚”与“实”的结合，而传统建筑木结构的组合形式赋予了内部空间环境最大的自由，单个建筑的群体组合变化造就了动静结合、含蓄变化的空间环境形式。中国传统室内环境布局的特点，也是运用“计白当黑”的美学思想，通过内部空间的灵活组合来完成对空间布局、立面造型及家具陈设等的艺术处理的。（见图 2-11）

图 2–11　穿越时空的 Opus 大楼

2. 灵活自由

随着生活节奏的加快，社会条件日益复杂，产生的问题让人们越来越难以承受，删繁就简是一种简单的生活方式，灵活自由的设计方式逐步被人们接受和认可。中国传统建筑的木结构形式，房身部分以木材做立柱和横梁，成为一副梁架，每一副梁架有两根立柱和两层以上的横梁。间与间之间可隔可通，空间利用非常灵活方便，门窗的位置处理也极为自由。门窗可以看作室内外环境关联与渗透的通道，建筑室内环境的美感，空间虚实明暗的节奏感便在室内环境与室外环境的相互交替中得以体现，建筑内部空间组织和分割产生的空间流动美也一一呈现出来。传统的室内环境设计不管是在空间布局上还是装饰品的摆放上都灵活自如。

在对传统室内环境设计手段进行借鉴重构时，一方面，要对传统装饰构建和陈设品进行简化；另一方面，根据古代的传统纹样，对其进行删减再创造，形成新型的装饰元素，或者把一些装饰纹样、图案进行拆分、分解，打破原有的结构方式，选择最具有代表性的元素再进行重构。但是，在重新创作这些元素时要遵守精简的原则，而并不是简单地拼凑、随意地罗列，要创造出具有时代特色、民族风情的装饰元素，只有这样才能凸显中国传统美学与现代室内环境设计的完美结合。在传统室内环境设计过程中，一些复杂的线条都被省略掉了，设计师一般选用点、线、面、体等集合要素对家具进行排列组合，凸显简洁灵活的个性。简约、灵活、自由不断成为人们追求安宁的一种方式，这种室内环境设计形式无不体现了道家美学的灵活自由、返璞归真。（见图 2-12）

图 2–12　朴素餐厅

3. 富有层次

在传统的室内环境设计中，除固定的隔断和隔扇外，还使用可移动的屏风和半开敞的罩、博古架等与家具相结合，这些物品对组织室内环境秩序起着增加层次和深度的作用。通过它们划分不同的实用功能空间，使厅堂能分能合，富于变化，并且便于根据使用要求安排家具。江南园林中的空亭、敞厅、轩榭、廊窗将园中的诗情画意、山石美景更多地引入室内空间，无形中扩大了室内环境格局范围，同时通过人的参与，产生了“步移景异”的效果。（见图 2-13）

图 2–13　樱之盛宴日本料理餐厅

清代的李渔在《闲情寄偶》中主张家具器玩陈设“忌排偶”“贵活变”。他认为，除建筑自身固定不变以外，其他的室内陈设物品都可以自由地移动组合。“眼界关乎心境，人欲活泼其心，先宜活泼其眼。”中国古人常说的“移天缩地”，就是利用提炼概括的手法，通过盆景和插花，将花、草、树、木、山、石、水引入室内环境陈设，仿效自然，同时给花、草、树、木、山、石水赋予拟人的性格，使它们拥有超凡的审美意境，通过人工环境的创造来寄托人们的情感和意趣。而书画、挂屏、文玩、器皿等陈设品具有鲜明的色彩和优美的造型，可以将它们与家具及其他建筑装饰构件组合在一起，形成一种独具特色的装饰效果，使单调的空间环境丰富起来，增添室内环境的生机和情趣。（见图 2-14）

图 2–14　大东家水疗会所设计

4. 文化传承

美学文化是一个民族赖以生存的精神食粮，一个民族没有自己独特的美学文化，就丧失了精神灵魂。因此，是否能够将本民族的传统文化代代相传下去是一个很严峻的问题。在现代室内环境设计中，高新的科学技术，层出不穷的设计手段、设计材料，变化多端的设计风格，让我们更应该坚持我们的设计理念。道家美学在传统的室内环境设计中被运用得恰到好处，更好地把握道家美学的继承也是现代室内环境设计应该做好的事情。既不可以完全抛弃了本民族的文化，也不可以完全抄袭本民族的文化。所以，如何传承本民族的传统美学文化非常重要，这同时也是现代室内环境设计走上新台阶的切入点。设计师在设计的过程中根据不同的文化风情、审美需求，再加上设计师本身的审美特点，使现代室内环境设计呈现出风格多样化、审美多样化的特征。其实，这一特征与道家美学的以人为本、人性化设计是息息相关的，道家美学所追求的灵活自由是符合当代人的审美理念的，这正是对个性的渴望，其要求不能用条条框框来束缚人类的发展。在现代室内环境设计的过程中要注意变换思维，不管是在空间的划分、布局上，还是在家具的布置上，都应该摆脱呆板，灵活自如。（见图 2-15）

图 2–15　南京涵月楼酒店

5. 加强环保

传统室内环境融于自然，当今的低碳、环保、自然理念无不传承着道家美学的思想精髓，而且传统美学中自然环保的理念在室内环境设计中也一直沿用至今。只不过现在的生态危机日益严峻，人们对自然的渴望也越来越强烈：在设计中利用绿色植被、盆景等装饰元素来美化人们的生活空间；在有限的空间里，引进自然景观；利用无污染的材料和天然的材料来美化空间，满足内心的平衡。但是，不能无节制地使用自然材料。要保护自然，就要不断开发新的可替代能源和可以循环使用的新材料。只有使自然和室内环境设计达到一种统一平衡，做到恰当地利用自然资源，才能真正体现道家美学中道法自然、天人合一的意境。（见图 2-16）

图 2-16　时尚环保的办公大楼

（三）道家美学在室内环境设计中的运用

1. 理念的确立

室内环境设计中的生态环保问题是设计中极其重要的问题，历年来在设计的过程中产生的边脚料对环境的污染比例也相当高，逐步危害到了人们的生活。在保护环境的要求下，室内环境设计的生态环保设计被逐渐提上了日程。在空间环境的营造中，作为净化空气的绿色植物，这一元素的运用显然起着越来越重要的作用。植物不仅可以吸收二氧化碳，清新空气，形成一个良好的室内环境，还具有一定的美化作用。因此，适当地使用植物，将绿化或庭院的设计引入室内环境中，将是现代室内环境设计的一个重要手段。

将自然景物引入室内环境，除了能够满足人们的视觉审美需求之外，还能在一定程度上满足人们心理和生理上的需求。室内环境设计中的自然景观主要表现出以小见大的特点，即把有限的景物所表达的美学意境用于无限的空间环境中。人的大部分时间是在室内环境中度过的，封闭而单调的室内环境使人们无法与大自然亲近、接触，也无法接受大自然带给人类的清新、宁静。而多样化的居室绿化则大大改善了室内空间环境和自然的隔离状态，起到了使居住者放松身心、维持心理健康的作用。

2. 色彩的把握

构成室内环境设计的众多要素中，色彩在室内环境中起到的装饰作用十分重要，它既能营造出宫殿般鲜艳浓烈的环境，又能打造出江南园林般淡雅朴素的意境。“知其白，守其黑，为天下式”，道家美学追求“知其白，守其黑”

的色彩境界。在道家美学中，其把黑定义成高居于其他一切色彩之上的颜色，因而道家美学将黑色列为众色之首，并将黑色作为“道”的象征之色。当然，这里所说的黑并不是完全的纯黑，而是介于红、黑之间，是由红到黑的过渡色。道家崇尚黑色，因为他们强调的是内在、精神、实质的美，是超乎功利性、目的性的美，是艺术创造的非认识性的审美规律。而艺术创作作为独特的意识形态，其重要性恰恰是它的审美规律。原始黑暗中没有生命世界的颜色就是黑色，黑色能营造出朴素而天下莫能与之争的美。

3. 柔水的运用

水具有“柔”的特性，也有“抽刀断水水更流”的意志、“水滴石穿”的韧性。“上善若水”是道家美学用水对为人处事原则的形容，也是道家美学所追求的意境之一，可见道家思想对水的重视。“天下莫柔弱于水，而攻坚强者莫之能胜，以其无以易之。”（老子《道德经》第七十八章）在道家美学看来，水是万物中最具灵活性和韧性的。俗话说，水能载舟，亦能覆舟，便是如此。只有悟出水本性的重要性方可达到道家美学所提倡的至高至极的境界。水也可以流淌于细微的室内环境中，源源不绝。在现代室内环境设计中，追求道家美学意境，可以将水元素纳入进来。在现代室内环境设计中合理地运用好水元素，既时尚又能透出几分闲情雅致的道家美学意境。（见图 2-17）

图 2–17　美国迈阿密海滩花园

4. 材料的选择

道家美学认为，“道”之所以尊贵，就是在于它是自然的、最平常不过的。道家美学认为，自然万物的美都在于“真”。传统的室内环境中，古人将大自然的一水一石、一花一草运用到室内的装饰与陈设中，与自然为邻，不仅能赋予室内环境以淳朴纯正，又能使其不落俗套、清新淡然，回归自然万物的本质，凸显真正的“大美”。而在现代室内环境设计中，材料的运用和家具的陈设也起到了非常重要的作用。不同的材质具有不同的艺术表现力：木材表现出一种温和朴素的感觉，石材给人一种硬朗、苍劲的质感，塑料体现出一种光滑细腻优雅之感，玻璃展现出一种空灵剔透的感觉等。现代的科学技术发展甚快，也为材料的开发研究和设计使用提供了广阔的天地。不同的材料体现了不同的时代特征。在现代室内环境设计中，设计师可以运用材料的不同特性来诠释不同的室内风格，运用不同的加工手法再现古人的设计手段。

5. 家具的布置

中国家具的发展源远流长，在传统的室内环境设计中起到了很大的作用。现代的室内环境设计中的家具已经慢慢成为室内陈设的主体，不同材质的家具会呈现给人以不同的感受和触感。陈设的家具在满足实用功能的基础上，在材料的选择上，应该是以自然材料为主的竹材或藤材制作而成的家具。竹藤家具之所以能够把大自然的田园气息与现代生活气氛巧妙地融合在一起，成为一种新时尚，就是因为它所具有的美观、独特的纹理，并且我国竹林资源比较丰富，竹材成材周期较短，具有冬暖夏凉的特点。经过严格缜密的加工处理，竹藤家具具有舒适宜人、透气性强、柔韧性好、手感清凉、质感自然、符合人体工程学等特点。不仅如此，竹藤家具外观简洁大方、朴素典雅，具有很高的艺术欣赏性。自然朴素是竹藤家具独有的特点，竹藤家具带给人一种朴实、古典的感觉，在现代室内环境设计中可以营造一种休闲、宁静、怡然自得的情调，这正好符合道家思想中崇尚自然、返璞归真、天人合一的美学理念，而且制作工艺精巧，具有艺术观赏价值。（见图 2-18）

图 2-18　富乐山九洲国际酒店

三、道家美学的景观园林设计体现

（一）景观园林设计中的“无为”

明代的造园家计成所著的造园专著《园冶》，从美学文化与造园艺术角度总结了历代造园实践的经验，成为我国古代最完整也是世界上最早的造园论著之一。书中详细讨论了兴造、园说、相地、立基、屋宇、装拆、门窗、墙垣、铺地、掇山、选石及借景等造园美学原理、技艺和方法，虽重在匠艺，然其提出的“虽由人作，宛自天开”美学理念的精神内涵便是道家美学思想。道家美学重自然、抑人工，这一观念其实也体现了景观园林设计的“无为”本质。景观园林本为“人作”，倘不是“人作”，这世界上就不会有景观园林这种建筑文化，从这一点看当然并非“无为”。景观园林的主要美学寓意为退隐休憩、淡泊冲和，主张出世，其美学思想为“道”；宫殿、坛庙建筑的主要美学寓意为功名进求、灼华热衷，主张入世，其美学思想为“儒”。二者美学意境的对比是很明显的。因此，中国古代景观园林设计“虽由人作”，其美学底蕴却是道家美学的“无为”思想。（见图 2-19）

图 2–19　泰国秋季公寓楼小区景观

（二）景观园林设计中的道法自然

道家美学的思想精髓是道法自然，是阴柔之美、含蓄之美的理论基础。“道”中所论及的万事万物，包括对事物的审美观，都是以自然为基础的。在道家美学道法自然思想的指导与审美原则的影响下，景观园林设计的最终目标就是将人的这种情感意境更好地表现出来，从而表达出人超越世俗来享受自然之美的境界。审美是主观与客观、感情与理智和谐的产物。这一审美方法遵循于世界自然万物。道法自然设计美学创建了自然与思想意识的联系，并阐释了整个世界宇宙的运行原则，强调了一种对自然界深刻的敬意。人们自身的行为都应该遵循由“道”指引的自然运行原则，这是道家美学中具有决定性的理论论述，无论是过去、现在还是将来，这一理论论述都影响着中国的景观园林设计。

景观园林设计所涉及的都是实实在在的具象事物，它的特征也是人为的思想产物，景观园林设计师的表达管理程度决定着事物表现的自然品质。景观园林设计中的景观要素有叠山、石路、理水、植被等，虽然都是自然物，但可以体现出人为的特征，加以人工处理，在道法自然美学思想的指导下，景观园林设计中的建筑小品等人造之物也可以成功地表现出自然的精神。

在景观园林设计中，山、石、水、植被和建筑为主要的构景元素，流水、游鱼、花草、树木是起支配作用的筑景元素。从景观园林设计的美学角度来说，在一定程度上景观园林的意境不是由景观要素数量的多少决定的，而是取决于这些要素之间的相互配合方式以及它们在特定环境下的表现方式。景观园林设计师在对现场自然环境和人为环境关系认知的基础上，把要雕琢的景观元素以人的思维活动为依据进行有效的空间组织，以能够体现景观园林设计的合理功能、独具匠心的构思，以及准确的用色用料等设计手法，从而达到道法自然的境界。古典景观园林设计不但可以满足功能需求，而且还体现出人们对自然精神意境的向往。这种自然无常变化和世界万物相辅相成的规律恰恰是道家美学思想的精髓。

（三）景观园林设计中的曲径通幽

不论什么样的中国传统景观园林艺术，都离不开事物的曲线之美，这也揭示了道家思想“曲径通幽”这一美学底蕴。“道”性至柔，柔则必曲，古代景观园林设计当中的“曲”，是道家“阴柔”“贵雌”美学思想的体现。古人云：“方者执而多忤，圆者顺而有情。”（《管氏地理指蒙》）方必直，圆必曲，“方圆相胜”才成和谐。方圆也可以简单理解为曲直，曲为自然之态，直常为人工所作，“无性则伪之无所加，无伪则性不能自美。”（《荀子•礼论》）没有质朴的天性，人为的加工就没有地方施加，没有人为加工，人的天性就不能自行完美。因此，“方圆相胜”便是曲直互济、儒道互补。

在景观园林设计中，大多数以曲线见长，无论是园林中的建筑物，还是山水道路、草树花卉，都具有丰富的曲线之美。一般中国古代园林建筑，其曲线美更强烈、更婀娜多姿。曲线代表着柔和、流动感和丰富性，正是由于这样的特点，苏州园林中的桥、廊、墙，以及驳岸、建筑、花坛等处处都有曲线。为了模仿和体现自然之美，道路也是自然弯曲的园路。曲线在有限的园林中能最大限度地扩展空间与时间，在园林道路和长廊设计中处处展现了它的美姿。中国传统景观园林中，几乎所有的线都是顺应自然的曲线，山峰起伏，河岸弯曲，道路蜿蜒。植物高低错落、左右参差，形成了自然起伏的林冠竖向线和自然弯曲的林冠投影线。即使是亭台楼阁等人工建筑，其屋顶也起翘形成了自由的曲线。（见图 2-20）

图 2–20　苏州独墅湖低密度生态别墅景观设计

四、道家美学的庭院设计体现

永恒存在、变化不息、超越物质的“道”，是宇宙生命法则的根源。“道”赋予庭院艺术“时空性”的综合属性，道家美学是庭院设计的理论支撑和灵魂精气。

（一）自然为美的设计美学理念

儒家、道家、禅宗三家美学思想在中国传统美学精神的构建过程中呈现出的审美意境和情趣各有所长。道家美学倾向思想的解放，崇尚生命缘由，虽与其他各派别美学思想相比多持批判态度，但其更贴近设计美学。作为对其他美学思想强有力的补充，道家美学主张“无为”和“道法自然”，以弥补未得到充分发展的人格心灵美学的含义，旨在摆脱束缚和限制，倡导精神的绝对自由，中意自然的永恒与无限、合理与规律，在自然统一中追求理想境界。

1.“空白”之美

“境生象外”，是“言有尽而意无穷”“含不尽之意见于言外”的最终表现形式，而“不著一字，尽得风流”是对“有”“无”和“实”“虚”最突出的体现。在道家美学思想中，道体为实、道性为虚，彼此阴阳相对、虚实相济。客观存在的一切事物都是“无”和“有”，以及“虚”和“实”的统一。正是由于这些对立范畴的出现，“道”演变出了双重特征，“虚实相济”成了中国传统美学的重要特质和原则。

中国庭院设计对意境有独特的追求，诗的意蕴、画的境界，都是中国庭院设计必不可少的元素构成。不难发现，在许多庭院设计的创作中，大量运用了诗词歌赋和文学典故。庭院设计也常借鉴绘画的技法，以有限的素材创造无限的意境，以求达到“虽由人作，宛自天开”这样一种“境生于象外”的艺术审美境界。庭院造景中，内外借景、小中见大、先抑后扬、高低错落、藏而不露等创作手段有益于组织良好的空间形态，引导合理的空间布局，使庭院景观更具中国传统美学韵味的含蓄性和趣味性。

“虚”和“无”是“空白”的显性形态，“空白”范畴植根于中国传统美学，追求审美境界与人生境界。“空白”的审美特征在于利用美学思辨，唤醒积极主动的审美鉴赏，诱发审美主体的再创造，钟情自然的空灵之美，寻找适宜含蓄的情感归宿。庭院设计对“空白”的认识表现在设计手法的运用上：“空”利用空间视觉的透视原理和自然元素的暗示，如鸟语、花香、落泉等，使有限空间获得无限延伸之感，这是庭院设计中常用的借景手法；“白”指在庭院设计中构成留白，使造院要素之间出现“虚空间”，引发想象思维、心灵意境，与现实环境产生共鸣。（见图 2-21）

图 2-21　庭院式文化艺术中心

2.“融合”之美

“人境合一”是道家美学超越时空、贯穿始终的美学观念。解读人境合一的设计美学境界时，首先必须参透虚静的思想，只有当审美主体的心灵达到虚静状态时，才能与客观的自然世界合二为一，才能更加深刻地感受到自然之美和自由之美。“水静则明烛须眉，平中准，大匠取法焉。水静犹明，而况精神！圣人之心静乎！天地之鉴也，万物之镜也。”（《庄子·天道》）心灵的虚静，便是达到物我同构、与道合一的最高境界，同时也是对“合”的共融性的体现。道家美学的“物化”思想建立在虚静的基础之上，虚静强调的境界在于自然万物之间彼此渗透，彻底泯灭主、客体之间的界限，以此形成相互转换的过程即为“物化”和“共融”。

“合”的整体性表现在庭院设计中，是先合后分、先整体后局部的自上而下的园林营造模式。庭院设计的第一步为构思，其决定了整体空间布局形态构建的方向。对局部的景观组成是在最初的整体构思下进一步拓展的，而后才是对细部的刻画完善，推敲建筑、山水、花木等景观要素在整体空间中的存在方式和组合形式。这种整体优先的设计方法可以确保庭院设计过程的紧密性和统一性，确定空间氛围的精神意境，使各个要素之间的相互作用关系得到最充分的体现，形成怡人的空间环境，并且使具备不同功能的空间环境相互依存、相互补充，从始至终遵循整体到局部再到环境实体要素的构建原则，达到人与意境的完美合一。（见图 2-22）

图 2-22　巴西新利马豪华别墅

（二）和谐为美的设计美学理念

和谐为美的设计美学理念，实际是在现实意义的影响下，对道法自然、人境合一的继承和发扬。道家美学以“和”概括并回应审美境界的需求，以规律变化的和谐和万事万物生存的平衡为自然之美的必要条件。在把握庭院设计的塑造原则时，应重视自然环境给予我们的明快舒畅的归属感，以求心与境的和谐统一。“和”的总体把握是一个过程，无论是庭院设计还是人生境界的升华，在无形中都被“和”所牵引着，而这个过程是“游”“淡”“静”的集合。

1.“游”的旷达无极

道家美学的辩证哲学性并不影响其极具浪漫主义色彩、逍遥而游、齐物而观的设计美学理念，道家美学同样渴望瑰丽烂漫、旷达无极的理想世界。“天地与我并生，而万物与我为一。”（《庄子•齐物论》）讲述了人类对精神自由的渴望，象征自由、洒脱、浪漫、旷达的胸襟，以及足以了却生死、鄙弃富贵，追求超凡脱俗的精神领域。在如此美妙的美学思想指引下，庭院美学意境的实现自然而然就有了新的标准，强调“游”在庭院美学意境创造中是不可或缺的因子，庭院美学意境能够真实地存在，正是由于其可观、可游、可赏。当然，此处的“游”并非指单纯的身体游历，而是涵盖了精神层面的“心游”和“神游”。

《园冶》中借景篇描绘的园居生活分为春暖、夏暑、秋爽、冬寒四季佳景，营造的庭院美学意境让古代文人雅士为之向往。人们对庭院的欣赏是在“游”的过程中产生的具体行为表现，这种超越现实的艺术性感受正是庭院设计的功能之一。庭院设计的本质在于营造人的理想环境，一个能发现美和证实自身有发现美的能力的环境。显然，这符合道家美学对人生和艺术双重追求的标准，庭院设计美学将道家美学意境理想下的人生艺术观放进现实生活写照中，建立了可居可游的空间环境，并且重视内在精神的提炼，只有融入自然环境中才能使庭院环境富有生命力，提供超脱旷达的特殊体验。庭院设计的最高境界是使人身临其境而逍遥于外，现实存在的庭院环境要素给人以美的享受，同时在感官的触动下，使心神游离于情境之间，不再局限于眼前的实物，摆脱任何时空的阻隔和束缚，如此是对道家美学追求精神自由以此得“道”的映射。

2.“淡”的心境和鸣

《道德经》曾提及“大音希声，大象无形”，“象”是对“道”整体存在特质的定位，众生有象，却无固定之形，符合“道”永不停息的变化规律。“大象”之美在于无形，道家美学对世人“五味”“五色”“五音”等持批判态度，认为“淡”才是避开片面和刺激的朴素之美，妙不可言。艺术创作与欣赏，是心在自然环境中寻找共同意境指向的反映，艺术境界源自美，美源自心灵，没有心灵的映射，便不能谈所谓的美。因此，心境和鸣是审美的最高境界，庭院设计的最终目的是追求精神的极度自由，超然于世外，获得心灵的至真至纯。

庭院设计手法之“淡”具有丰富的内涵，针对每个空间环境的构成要素，其不是粗疏简陋的贫乏之“淡”，而是在尊重空间环境精神的基础上，利用人工雕琢，但又不失自然之韵的朴实之“淡”，这样的平淡是通过巧夺天工的技艺而达到的自然天成的境界。“外枯而中膏，似淡而实美”，苏轼“枯淡”论的核心在于外在表现的质朴和内在实质的丰韵。庭院设计不以华丽取胜，而是由矛盾对立的状态相互作用，使其魅力更为独到，所体现的正是虚实结合的设计手法，以此归附道家崇尚自然的美学观，形成“境生象外”之境。使人身临其中时，心为境动，在充满意境的空间环境里心神统一、回归本我。（见图 2-23）

图 2–23　乌布曼达帕丽思卡尔顿隐世精品度假酒店

3.“静”的物我两忘

道家美学的“心斋”“坐忘”“凝神”“玄览”等理念要求审美主体以虚静、无我的状态进入艺术创作和审美享受之中。道家美学的忧患意识引导了“中和”思想的形成，而“道”面对外界干扰，以“虚静”的状态体悟和回归真我，“虚静”追寻的心灵自由状态恰好是庭院设计审美和营造的基础。当然，庭院设计之“境”与心灵体悟之“静”的共同要素是自由而丰富的想象。只有不断联想，提升自我的创造力，进入审美设计和艺术创作的畅神状态，才能摒弃污池的杂物，从而将心灵归于凡尘世俗之外，以求达到静观万象的境界。庭院设计美学所谓的“静”，对于人而言是避免内外情绪的过度表露或过分压抑。因此，需要一个适宜的空间环境以化解人心的浮躁。“不以物喜，不以己悲”正是说明了静心的重要性，也是对道家“物我两忘”境界的高度应和。庭院设计希望通过融于意境的“静”，沉淀外界刺激的庸俗和物欲的诱惑，完成对心灵的洗礼和净化。

“物我两忘”之“静”在庭院设计中的核心体现可以浓缩为“无”字。“无”

的境界是放下一切杂念，以“无”造万物。自然因无所求而具有最本质的美，所以真正的“大道”之美应该是一种“无”的状态。“无”可以对应中国传统庭院设计中的以少胜多、以小见大的筑院艺术理念，在极度简化的空间环境中溯源，产生广阔无垠的情感，以达到精神的圆满与永恒。

朴素、简淡是“道”性之“无”的表征，也可作为庭院设计的艺术风格。其主要特征是极少却不显枯燥，简约但不失美感，这就是后来发展形成的极简主义。虽然这种庭院设计理念有别于中国传统庭院崇尚的道法自然的设计理念，但两者都提倡不着痕迹的设计原则，反对浓墨重彩、华而不实的浮夸之风，认为简单自然才是丰富的统一体，以最质朴本真的理念进行客观抽象的表达，方可发挥无限的空间想象。道家美学倾心于自然的程度在中国传统美学中可以说是“前无古人，后无来者”，面对自然山水，道家美学有源源不断的创作灵感。以山水为质，道家美学的精髓思想融于对客观世界的审美艺术中。正因如此，道家思想的设计美学直接影响着以山水、花木为主要元素的庭院设计。

第四节　中国传统美学中的禅宗设计美学

一、禅宗美学的思想体现

（一）禅宗美学思想

禅宗美学思想是指在佛教禅宗影响下形成的美学思想，其本质是一种追求生命自由的生命美学。美学是从人对现实的审美关系出发，以艺术创作和设计审美作为主要对象，研究美、丑、崇高等审美范畴和人的审美意识、美感经验，以及美的创造、发展及其规律的科学。

如果说儒家美学、道家美学是中国美学的开端，那么禅宗美学的面世则标志着中国传统美学走向了成熟。之所以如此，是与禅宗美学带来的新的美学智慧有关，它充分揭示出审美活动具有的通俗性和广泛性的特点，使中国传统美学思想走向了大众化、普遍化。由于这种过渡，在禅宗美学的理念中多少可以看到儒家美学、道家美学的影子。儒道相结合的综合美学崇尚自然，推崇逍遥自由的风格，其环境艺术设计作品中往往有一种超然尘世、自乐逍遥、超凡脱俗之感。禅宗美学在某些方面保留了这一点，但同时把自然主义人心化了，即空化与心化了。从某种意义上说，禅宗美学的审美经验仍可以是自然主义的。禅宗美学把中国人的审美经验进行了重新塑造，使其心灵化，带给人们以精神上的极大美学享受。禅宗美学更趋向于一种万事皆空、看破红尘之感，它所带来的是一种人们对神秘外来事物所持有的新奇感，从其他美学的人间性上升到对人性、佛性认知的新层次。

禅宗本是中国佛教的一个宗派，其鲜明的特征在于追求心灵的解脱，目的就是“直指人心，见性成佛”。禅宗本身无意为审美活动，特别是为艺术审美活动提供指导，更没有哪个禅僧写过禅宗美学的书籍。然而，禅宗在阐发其存在观、人生观和方法论时却渗透出了丰富的美学意蕴，闪耀着美学智慧的光芒。禅宗美学思想在长久的历史时期里渗透到了民众的各个层次，特别是渗透到了士大夫的生活中，深刻影响了士大夫中诗人、画家的艺术创作，以及大众的审美体验。祁志祥曾指出，佛教虽然无意建构什么美学，很少正面切入美学问题，然而在阐发其世界观、本体论、认识论和方法论时，又不自觉地透示出丰富的美学意蕴。

（二）禅宗美学思想的特征

审美的本质可以概括为，为人们提供感性的、足以提升人格的高级精神享受。中国传统美学有两个最大特点，其一，中国传统美学是人格主义的，儒、道两家概莫能外。人格大致可以分为道德人格和审美人格。儒家偏重道德人格，他们的审美经验是助成道德目标的附庸。道家更偏重审美人格的培养。禅宗思想审美本质其实也是讲人格的，它所说的“悟”“定”“慧”“清净”“解脱”和“自由”等，通通都是关于人格锤炼的。其二，中国传统美学是自然主义的，道家的“齐物论”和“逍遥游”固不待言，儒家也颇倾心于“智者乐水，仁者乐山”式的与自然比德。而禅宗思想也把世俗世界与自然界看空，禅宗的顿悟观绝大部分是与自然有着紧密联系的，这样就产生了禅宗美学以及用心创造的美学意境。禅宗美学体验自然美感，一方面保留了儒家与道家眼中的自然，另一方面却把此自然空化和心化了，由此审美特性发生了质的变化，自然被赋予了一种新的美学意境。禅宗美学重新塑造了中国人的审美经验，使其变得极其心灵化，这就是禅宗美学本质的突破点。

禅宗美学是生命美学，禅宗美学极为关注生命自由的问题，通过内心的顿悟以获得个体的生命独立与解放。因此，心性就是人性的灵光，也是生命之美的最高体现。皮朝纲言，禅宗美学有着它十分独特的性质，它并非通常意义上的美学，也不是一般的艺术哲学，而是对人的意义生存、审美生存的哲学思考，或者说它是对生命存在意义、价值的诗性之思，是对人生存在本体论层面的审美之思，因而它在本质上是一种追求生命自由的生命美学。禅宗美学这种心灵自由、任运随心的生存方式，对生命自由诗性的思考，在自然上与艺术创作相通，艺术创作的本质也是个体心灵自由的表达。禅宗美学的意境在于从心出发，是主、客体的统一，追求虚静空灵，它是一个没有矛盾、没有差别、完全自由、绝对和谐的理想境界。

禅宗美学是心性之悟。禅宗美学的本体范畴是“心性”，心和禅是一体的两用，禅宗也称为“心宗”。元代禅师中峰明本明确指出，“禅”就是“吾心之名”。因此，“悟”也就成了禅宗美学的纲骨，也就是成佛的标志。离开了心性之悟，禅宗美学乃至禅宗都将不复存在。禅宗美学的开悟方式有渐悟与顿悟两种，渐悟是顿悟的基础，顿悟是渐悟的结果。离顿悟谈渐悟，无法达到成佛的目的；离渐悟谈顿悟，“悟”无从而来。“悟”的审美价值是对个体心性的高扬，也是对个体自力的赞美。禅宗美学注重个体心性的挖掘，认为“众生皆有佛性”，“佛向性中作，莫向身外求”，只要可以明心见性，就可以“转凡为圣”，立地成佛。心性之悟对艺术创作过程中灵感的获得及艺术鉴赏审美体验的获得是一种有益的借鉴。环境艺术设计灵感的获得，就是一个“悟”的过程，在顿悟的一刻获得，在渐悟的过程当中积累、探索。艺术鉴赏审美体验的获得需要审美主体与审美客体的相融，也是凭借“悟”的一刻呈现出来的。心性之悟对中国传统艺术的发展起了很大的推动作用。在禅宗美学之前的艺术创作和设计审美主要是物与人，通过人与自然的“心物感应”而达到人与自然相融，实现自己的逍遥。禅宗美学出现以后，由于顿悟对明心见性的强调，中国传统美学理论更为自观化，直接导致中国审美形成了重境不重形的审美标准。

虽然在禅宗思想丰富而深邃的体系中很难找到关于设计美学方面的理论，甚至极少涉及美的问题，但是禅宗在其内在的精神上是通向审美意境的。其在阐述存在观、人生观、认识论时，无不渗透着丰富的美学观点。可以说，禅宗美学是建立在禅宗思想基础之上的智慧美学。如果说，审美的本质是为人们提供感性的、足以提升人格的高级精神享受，那么禅宗美学的精神和智慧为人们提供的是一种人生的终极意义，一种简洁朴素的方式，更是一种超越澄明境界的审美境地，是“云在青天水在瓶”般的坦然与豁达，它所展现的是一种最高层次的“大美”。

1. 禅宗美学的创新性

禅宗是中国化的佛教宗派，是印度佛教传到中国之后，中国的禅宗大师们为了适应中国的社会发展及文化背景，对印度佛教进行了创新性的改造后形成的中国特有的佛教宗派。禅宗美学的创新性主要有以下几点。

（1）思想融合

禅宗将印度佛教与中国的儒家、道家思想进行了融合。禅宗除继承印度佛教哲学思想外，还结合了中国特有的传统文化思想，是典型的中国化佛教宗派。它继承了道家的“道”“无”“自然”“无为”“无不为”等美学范畴、命题和思想，也和道家思想一样具有鲜明的超越差异、对立、矛盾的意识。同时，禅宗思想不仅创造了一系列生动活泼、丰富多彩的现实超越方法，还否定了道家“游于尘垢之外”的脱离现实生活的超越道路。禅宗美学主张在现实的生活感性中实现心理、观念、精神的超越。禅宗美学是继承道家美学、儒家美学，又超越道家美学、儒家美学的美学思想，这也是禅宗美学在设计中的影响作用，是自唐末以来一时超过道家美学、儒家美学的原因所在。

（2）平等观

依照原始大乘佛教，比丘、比丘尼要成佛，需要经历阿罗汉、菩萨、佛三个阶段。依照小乘佛教，比丘、比丘尼只可以修到阿罗汉的境界。而禅宗思想体现了其创新、平等的一面，禅宗思想中只有人与佛，中间没有任何的等级区分，认为人人都有佛性，只要“悟”就可以成佛，“前念迷即凡夫，后念悟即佛”。这种概念打破了人们对原始佛教的偶像崇拜，呈现出禅宗美学对个体生命的高扬。

（3）开悟形式

“不立文字”的禅宗思想与原始佛教的思辨也呈现出巨大的不同，禅宗诠释教义及引人开悟时，不拘泥于文字，正如冯友兰所说，在精神文明领域内，一种规范如果成为教条，它就没有生命力了，就成了一种死的条条框框，很容易被冲破，而且实际上是一定要被冲破的。禅宗美学正是由于这种“冲破”，使得开悟方式千差万别、生动活泼，这也是禅宗美学在中国成为佛教最大一个宗派的原因。

2. 禅宗美学的体验性

禅宗美学主张获得佛性真如时，不凭推理与分析，而在直观中体验佛性、获得解脱。表明了只有靠个体的直观亲身体验和实践才能获得个体解脱，直观体验与西方凭借文字概念推理获得审美智慧不同，禅宗美学认为对最精妙处佛理的把握，只有靠超语言、超理智“悟”的体验才可以获得。因此，心领神会、以心传心在禅宗思想中尤为重要。缘此，禅宗美学从来不做任何解释，只做暗示。不诉诸累赘的陈述，也不做归纳整理，总是接触事实，接触具体的、可以触及的事实。因而，禅宗美学一反传统佛教的向外崇拜，把人引向内心的追求。

直观体验还表现在禅宗美学对现实生活的关注上。禅宗从达摩发展到慧能，其修行的方式发生了很大的变化，从远离尘世、苦行修炼发展到坐卧住行、送水搬柴，都可以参禅悟道。禅宗使得传统佛教从在出世中求解脱，转变成了在入世中体道求解脱。《六祖坛经》云：“佛法在世间，不离世间觉。离世觅菩提，恰如求兔角。”通过心性，禅宗美学打破了印度佛教与世间的界限。慧能言：“但心清净，即是自性西方。”因此，禅宗美学是世俗化了的宗教，禅宗美学不像道家和一般宗教那样完全舍弃感性形式而追求精神的绝对净化，而是强调在世俗的感性之中向精神的理想境界超越。

直观体验在审美活动中具有极为重要的作用，美感是靠直觉的形象而获得的。直观体验可以直接面对事物的本身，摆脱概念与经验的束缚，理解审美客体的性质，以获得审美主体的心灵愉悦。

3. 禅宗美学的朴素护生性

在我们日常生活中，人们最初来到这个世界，开始时用最单纯朴素的心对待自然万物，水就是水，山就是山。物体呈现出它最本真的样子。但随着人们知识的增多，人的主观意识逐渐膨胀起来，对待自然的态度也发生了变化，开始以善恶、是非、有用无用来衡量自然存在的意义，开始学会用自己的知识体系来评判自然万物。这样一来，事物的最初本性就被掩盖住了，水不再是水，山不再是山。之后随着禅宗的心性开悟，人们排除一切理性的思维干扰，重新回到本真的生命状态。在审美活动中，由于受外界繁杂事物的干扰和世俗观念的侵扰，人们放弃了自己最初的本心。为了重新达到人性与天性的合一，就必须摒弃一切外在干扰，还原生命最初的本真。在中国传统美学史上，禅宗美学展现了一种新的审美趋向。禅宗美学的朴素护生性并不是矫揉造作，而是经过漫长岁月沉淀后的顺乎自然，蕴含着丰富的内在精神与外在表现的古朴、素雅之美，并不是瞬间地吸引观者的眼光，然后随着时间的推移渐渐被遗忘，而是可以使观者长久地欣赏并回味无穷，却不感到厌倦，给观者带来长久的美学体验和精神上的满足。

禅宗美学作为中国传统美学的重要组成部分之一，自然认同世界自然万物的平等性学说，认为山河、草木、动物和人类一样，都具有佛性，提倡众生平等。那么，建筑与周围环境也应该被平等对待，不能只顾一方的利弊。因此，否定建筑自身与周围环境的差别，提倡它们之间的平衡对等性，这也是禅宗美学意境下环境艺术设计的重要美学观体现。在这种平等无我的思想观念下，我们很容易发觉，禅宗美学建筑大多趋向融于隐晦的山林之中，与周遭环境融为一体，不彰显。众生平等这一美学思想观点，虽与中国传统儒家礼制思想有着本质上的冲突与矛盾，但它是佛教传入中国带来的特殊新观念，也因此形成了独特的中国禅宗美学文化。这一观点的实用价值为广大百姓所接受，并深入人心。“平等”的原本意思是无差别，现今多指人们在社会中拥有同等的地位，在经济、文化、政治等方面都有同等的义务与权利。从“无差别”到“同等权利”这一过程，充分说明了禅宗美学众生平等思想是以世间自然万物本体相同的观点为基础的，从而推断出人与物之间权利的同等性。

4. 禅宗美学的亲近自然性

从人类自身的角度来看，不属于人之本源的就属于自然，但终究人也是自然的一部分，就如我们所谓的一切自然造物一样。人最初的本性是自然的，即为“僧家自然者，众生本性也”（《荷泽神会禅师语录》）。其实，人与自然的关系问题早在一千多年前就有哲学家探讨过，后人也通过不少的方式方法把它演绎了出来。我们经常看到的诗歌、绘画艺术之中，不乏人与自然和谐共处的例子。“况吾与子渔樵于江渚之上，侣鱼虾而友麋鹿，驾一叶之扁舟，举匏樽以相属。”（苏轼《前赤壁赋》）既是人与自然合而为一，又增添了几分禅宗美学意境。禅宗美学所关注的自然美学观把人与自然和谐统一在环境中，而人又是因为自然而存在的，崇尚、敬畏自然便是禅宗美学自然观的重要美学理念。禅宗美学的自然观同时又赋有超脱自然的境界，此时的自然已经不是原本的自然，而是虚拟化、心灵化的精神自然，是人内心自造的意境。禅宗美学的自然观，所贡献给人类的是一种极其细巧精细、空灵活泛和微妙无穷的精神享受，它重新塑造了人类的审美经验，使之变得极度的心灵化。（见图 2-24）

图 2–24　美丽酒店庭院设计

5. 禅宗美学的空灵性

“空”性是禅宗美学审美体验呈现出的重要特征，直接影响着人们的艺术创作手法，如国画呈现出的任用自由、无滞无碍、自然空灵的美学韵味。现代环境艺术设计不仅要满足功能的需要，还要满足人们更多的精神需要，而“空”的意境观对环境艺术设计意境的塑造有很强的指导作用。“空”不是空无一物，而是对“有”和“无”的超越。“空”性在禅宗美学中是个终极意义的概念，“本来无一物，何处惹尘埃”，“空”是对“尘埃”的包容，“空”的实质是“真空假有”。

空灵美，是“静”与“动”的统一美。空灵是人类对自然认识和生命感悟的一种诗化表现，呈现出的是一种空灵之美的意境。把空灵作为“灵的空间”来解释与理解，它的立体性、纯粹性、无边性，正是道家美学所要诠释的那种“无极之境”。在这样一个极具广度、高度和深度的环境里，以一种壮阔深远的空间形态表现出纯洁的自然意识和生命情怀的作品，方为空灵，方为至美。禅宗美学遵从寂静空灵的美学观，一方面来自佛教“大乘空宗”“般若性空”的智慧论，另一方面来自道家美学体系，它的起源就极富审美意味。“轻暖轻寒二月天，夭桃红绽柳凝烟。莺啼蝶舞皆禅悦，般若分明在眼前。”对于禅宗美学来讲，对空灵意境和亲近自然之美的追求即构成了它的基本审美特征。在美学领域里，这种空灵为美的形态被引入艺术创作之中，便形成了一种特定的审美准则，在环境艺术设计表达上转化为空灵审美意境。基于我们对禅宗美学的理解，这种寂静空灵之美一方面是指艺术风格和形象玄远、空幻与飘逸的品性特点，另一方面是指其极富有灵气、灵性并且表现精妙的旨趣、意向。一般来说，禅宗美学这种羡空灵、倡顿悟、尚玄远的美学思想，与道家重虚无、喜淡远、尊自然的美学思想是相互呼应、彼此交融在一起的。禅宗美学激发了中国的艺术创作和设计审美等无限包容性的特征，它既丰富了艺术意味，又拓宽了环境艺术设计的意境。（见图 2-25）

图 2–25　日式枯山水设计

6. 禅宗美学的宁静性

禅宗美学通过“静”来表达一种淡泊宁静的人生态度，通过自心的调节来达到主体自我与客体自然界的和谐统一，达到精神的超脱。禅宗美学把自然和人生都带入了“静”的境界，因此产生了追求自然、淡泊宁静的生活情趣，最终形成了淡泊宁静的思想审美追求。“静”是禅宗美学的核心基础之一，来源于禅宗的“空”观，禅宗美学视一切为虚空，认为真实的存在只在心灵的顿悟中。所以，“静”成为禅修的境界，唯有悟到了“空”才能使灵魂得到净化，心灵才能得到解放，人的精神才能摆脱一切尘世的牵绊，进入自由宁静的精神境界，才能得到真正美的享受。禅宗美学的“静”看似否定一切，而实际上是用东方人特有的辩证思维方式解除一切危机。“静”不是“无”，而是“有”，似空而实，它否定了一切却又肯定了一切。所谓“色不异空，空不异色，色即是空，空即是色”。“空”是消除了一切欲求的“心”“境”两忘，是从一切束缚中解脱出来而获得的异常淡远的心境。从“空”观衍生出来的“静”无不散发出无穷的美感。禅宗美学这种尚“静”的理念被引入传统艺术、景观设计、室内环境设计等艺术与设计中后，对艺术创作、设计审美和美学思想的发展产生了深远的影响，也从而形成了以“静”为美的禅宗美学意境，并极大地丰富了中国人的审美意识和审美心理。中国艺术史上早有“错彩镂金”和“出水芙蓉”的不同审美追求，以“静”观为代表的禅宗美学突出显示了其在审美活动中的重要意义，使一种清新雅洁、宁静恬适的审美思想逐渐走向成熟。

7. 禅宗美学的意境性

禅宗美学以“不立文字”而著称，禅宗思想认为，人们日常使用的语言、符号及理性的推理都不能准确地传达和把握最高的真理。正因为真理不可能通过简单的语言表达和文字描述进行传达并使人领悟，所以禅宗采用了一种隐喻和象征的方式，引导人们通过这些隐喻或象征来达到对真谛的领悟和把握。但这些所谓的象征物并不能完全表达其中的深层含义，所以在借用象征物的同时，还要参透其本质，超越象征物本身而领悟那不可言说的境地。禅宗美学通过隐喻、象征来达到对“境”的追求。

“境生于象外”，本是中国画论关于意境论的一个重要论点，大体意思是境的产生离不开象，却又不等同于象，而是超越了物象之外的深层意蕴。艺术设计意境所具有的境与象的两个不同的虚实层次，通过象直接呈现在欣赏者面前的外部形象去传达境这一象外之旨，并且充分调动欣赏者的想象力，由实入虚、由虚悟实，从而形成一个具有意中之境、飞动之趣的艺术美学境界。这个由意境论衍生而来的论点，也深刻反映出意境这一重要的美学范畴对艺术创作和设计审美的影响，以及审美过程中对境的追求。

意境是中国传统美学的核心范畴，真正的意境论，是禅宗美学与艺术设计发展过程中形成的重要美学范畴之一。境的产生与禅宗美学有着密切的联系，禅宗美学将世间一切问题都归结为“心”的问题，以人的内在心性为基础重构世界。对审美从立于“物象”转化为立于“心象”，即境的追求。人生有许多境，缘起的世界就构成了无数的境，但这些境都不是人的究竟之境。究竟之境是涅槃之境，在这个境中，人对空寂有了真切的领悟，并发现禅宗的真理就在自己身上，涅槃之境才是真正的觉悟之境。

人的设计审美和艺术创作活动是一种心灵层次的心理活动，禅宗美学从人的心灵角度入手谈境，这就使它更接近于艺术审美，并且必然会因此成为艺术创作和美学构建的重要理论命题。禅宗美学主张法遍一切境，提倡从观照自然的一机一境、万物色相中悟解禅理，如“青青翠竹，尽是法身；郁郁黄花，无非般若”，如白云、山月、松影皆成平等无差别之“一片镜”，以达到天人合一、物我交融的最高境界。

8. 禅宗美学的悟参性

禅宗美学的本性是追求自由，具有自由随性的基本特征，禅宗虽然是一种宗教流派，但却具有“革命”的性质。从六祖慧能提出的“不立文字”等教义，以及不读经、不理佛、不坐禅等观点，甚至是发展到后来的通过呵佛骂祖、谤道焚经等激烈的方式去动摇和破坏宗教权威等一系列改变可以看出，其根本目的都是通过摆脱外在的一切禁锢的思想，重新塑造人们内心的精神世界，以便为自己建立一个完全依靠自我的精神家园，这集中表现在禅宗美学中的“即心即佛”理论上。

但禅宗美学并非仅仅宣扬即心即佛，它在倡导直指心源、顿悟成佛的同时，进一步涤除一切外在的思想束缚，实现自我的精神解放，以此作为自我内心顿悟的根本前提。禅宗通过断绝一切外在的束缚，通过自我，实现觉悟。这也进一步说明禅宗美学是追求自由和精神解放的。

禅宗美学的“悟”充分表达了其自由随性的内在本质。禅宗美学通过“悟”来达到其所追求的涅槃境界。在禅宗美学看来，人人都具有佛性，成佛的关键就是反观内省、认识自己的本来面目。但对自己心性的认识，不是一般的思维方式可以解决的，只能通过“悟”。“悟”让我们看清了自己的心性，还原了世界的本来面目。“悟”是禅宗美学的生命与灵魂，没有“悟”就无所谓禅宗，也就无所谓禅宗美学了。正如铃木大拙所说：“禅如果没有悟，就像太阳没有光和热一样。禅可以失去它所有的文献，所有的寺庙以及所有的行头，但是，只要其中有悟，就会永远存在。”这就是禅宗美学的心髓。

如果说，道家美学是对茫茫时空中瞬息万变的万物的感性经验，那么禅宗美学的“悟”就是对万物的进一步否定，是看空的感性经验。“悟”构成了禅宗美学方法论的核心范畴。以“悟”为审美方法，产生了“顿悟”“渐悟”“妙悟”等美学范畴，“悟”采用“不立文字”“只可意会，不可言传”的“拈花微笑”式的参禅悟道的方法，与审美活动都是一种心理活动和心理过程。皮朝纲在《静默的美学》中指出，作为美学概念的“悟”，首先，其是审美活动和艺术构思中一个特殊的阶段，它的表现形式就是灵感的爆发、审美感受的获得、审美意象的产生；其次，“悟”是对艺术审美特征的玩味和领会；最后，“悟”是对创作规律和技巧的体验和把握。因此，禅宗的自我精神的解放思想并不能引导人们走向客观世界，相反其带领着人们走向了极度内在的主观世界。所以说，禅宗美学这种极具主观唯心主义色彩的对自由的追求和自我精神的解放并不在于实在的客观世界，而是转化为了一种审美心理。禅宗美学对自由的追求及自我精神的解放正是审美活动得以展开的前提和基础。

（三）禅宗美学的审美价值

1. 禅宗美学的社会审美价值

从美学的视角来看，人的精神是构成人存在的基础，人的躯体只是精神寄托的一个标识，衣食住行便是人存在的客观反映。人靠着物质基础维系精神世界，并在精神体验中实现生命存在的意义和价值。如今随着社会物质的日益丰富，人们逐渐开始关注和追寻自身与世界的价值问题。在纷纷扰扰的现代社会中，人们每天面对着巨大的工作、生活压力，人与人之间的交流正在慢慢变少，留下的只剩冷漠。人们渴望某些新的思想能改变这样一种不满状态，从惆怅、压抑的心理状态回归到平和、自由的生活状态。禅宗美学便成了现代人修身养性的最佳调理方法。禅宗美学并不是教会人类一种消极避世的处世方法，而是要求人类用积极的心态去主动解决问题。“戒律”“从容”“宽容”是禅宗美学的三个重要属性，引导我们在平常工作生活中用比较性情的态度看待一切事物，只有这样才能拥有自在恬适的生活。这种美学思想，它关注了人的生命和心理，在瞬间的顿悟里透出人生的真谛。当人面对社会、工作和家庭带来的种种烦恼与压力时，怎样才能拥有一颗淡然、平和的心，用平衡的心态去体验生活中的那份本真的快乐，这就要借助禅宗美学意境的审美精神去发现生活中的美好。

2. 禅宗美学的文化审美价值

当一个社会的物质文化达到一种饱和状态的时候，人们就会更多地关注精神世界。禅宗美学文化不但弥补了精神上的缺失，同时也促进了物质文化的发展。在现代社会中，禅宗美学能帮助人们树立正确的价值观，同时也提升了人们的精神境界和文化品位，形成了特有的文化审美修养。现在的人们渴望重新找回失去已久的精神家园，填满心灵上的空虚，重新找回真实的自己，在纷扰喧嚣的社会环境背后守候内心的那片宁静，练就一种随遇而安的超然态度。禅宗美学使人们在精神上得以升华，人与人之间的相处遵从平等互利的价值观，为社会精神文化的发展建设起到了良性的引导作用。

现代艺术设计普遍受西方文化的影响，那么东方的禅宗思想、道家思想、儒家思想对现代人类的生活能产生什么样的意义呢？因为西方文化到今天已进入了穷巷，其文化上的缺失已使现代人迷失了自己，所以现代人虽大多数仍然过着西方文化孕育出来的生活，但西方文化的深处已开始动摇。禅宗美学作为中国传统美学文化的代表，在环境艺术设计中的表达展现了中国本土化的民族特色和文化价值，弘扬了中国传统的美学文化，很好地回击了西方文化对中国的侵蚀，显现出赋有中国传统文化与地域特色的设计语境。

3. 禅宗美学的艺术审美价值

禅宗思想与美学有着深刻的联系。禅宗主张教外别传，推崇自性体悟，在直觉中悟见永恒佛性。在外人看来，禅无非是一些“不合逻辑的对话”，但这种“不合逻辑的对话”时常向人道出充满智慧的感悟，只可意会难以用言语表达，只容得自己细细品味。正是这种美学思想境界，赋予了艺术审美极大的启示。平常人们追求的艺术创作和设计审美语义，恰好是禅宗美学所感悟的那类既非言语所能说明，又非具体形态所能呈现的整体意象。禅宗美学并不认可通过人工刻意矫饰的审美活动，也不赞同仅仅通过表面视觉效果带来的美观满足，而崇尚由内而外散发的原始美、本质美和精神美。禅宗美学把人现实存在的生命与人的本性放到了一个无比崇高的位置，这既是一种生命美学，又是一种生活美学。

禅宗美学清净闲适的审美情怀与生活哲学是人们所追求的最高艺术境界。每一种审美意境，都代表着一种人生观、一种哲学思想、一种天人合一的内心情怀、一种返璞归真的人生理念。这正是禅宗所提倡的自然美，以自然为创作题材。世界上最好的环境艺术设计，是大自然熏陶和感化的结果。

4. 禅宗美学的时代审美价值

纵观全球，随着社会的经济发展和不断进步，人与自然关系的弊端也日益暴露，环境污染和生态破坏已经威胁到了人类的生存发展，可持续发展成为全球发展的首要问题。环境问题成为人们首要关注的问题，建筑的发展离不开环境，人们希望探索出一条建筑与环境互相辅助、和谐统一的发展模式。建筑是自然界不可缺少的一部分，并且无法脱离自然而独立存在，同时自然也是建筑创作的重要灵感来源。禅宗美学在环境艺术设计中反映了时代风貌与社会环境。梁思成先生在其著作《中国建筑史》中曾写道：“其活动乃度续的，依其时其地之其后，物产材料之供给；随其国其俗，思想制度，政治经济之趋向；更同其时代之艺文、技巧、知识文明之进退，而不自觉。建筑之规模、形体、工程、艺术之擅递演变，乃其民族特殊文化兴衰潮汐之映像；一国一族之建筑适反鉴其物质精神，继往开来之面貌。”这段话总的来说体现了环境艺术设计中制约建筑风貌的三个因素：时代、环境、社会。而禅宗美学恰恰为我们提供了解决这一问题的基本思路。

（四）禅宗美学的设计美学价值

中国传统美学诞生于儒家美学、道家美学，禅宗美学的问世标志着中国传统美学走向了成熟。禅宗美学作为中国传统美学的重要组成部分，自唐代以来，它的美学理念就深刻地影响了人们的文化、生活、艺术等领域，直至今日，禅宗美学依然以其饱含着的丰富的美学智慧指引着我们前行。

1. 宝贵的文化遗产

禅宗美学与其说是一种宗教审美，不如说是一种文化现象，并且作为一种在思想上带有新鲜成分的修行方式，其渗透到了社会的各个层面。禅宗美学的影响广泛体现于诗歌、散文、小说、绘画、书法、园林、雕塑、建筑等几乎每一个文化艺术领域，可以说禅宗美学为中华文化注入了新鲜的活力。

中国传统美学博大精深，以儒家美学、道家美学作为主要文化基础，人们在很多方面可能忽视了禅宗美学的重要意义，这种状态既不利于继承和弘扬中国传统美学，也不利于建设民族的新美学，更不利于中外文化交流。禅宗美学既是中国人的不朽创造，也是人类可贵的精神财富。禅宗美学作为中国传统美学文化不可或缺的一部分，蕴含着宝贵的文化遗产，深刻地影响着人们。禅宗美学所追求的淡泊明志的意境，即使是在如今快节奏的社会生活中依然也是人们十分向往和追求的。人们从禅宗美学理念中寻求减压的方法，寻求精神的寄托。禅宗美学所提倡的自然之美、简约之美，与我们提倡的绿色设计的意识不谋而合，我们不得不感叹，我们的祖先早在几千年前就已经具有如此远见。禅宗美学为我们提供了一个寻求平和与平衡的憩息之所。

禅宗美学是中国宝贵的历史文化遗产，虽然它的前身是东渡的佛教，但它的形成却是中国人创造性的发明，在其形成过程中，无不显示着中国传统美学文化特有的海纳百川的品格和富于创造的特质。人们若不了解禅宗美学，就无法参透中国传统美学文化源远流长的艺术内涵；人们若不研究禅宗美学，就无法感受中国书法、绘画艺术的精深，就无法感受艺术家所要营造的禅意氛围。我们需要重视禅宗美学，因为它不仅是中国传统文化的重要组成部分，还饱含着超越民族的文化和美学智慧。我们要全面认识中国传统美学文化，取其精华，去其糟粕，使之与当代社会相适应，与现代文明相协调，保持民族性，体现时代性。

2. 丰富的美学智慧

禅宗美学并非通常意义的美学，也不是一般的艺术哲学，它源于宗教又高于宗教。李泽厚说，中国哲学的趋向和顶峰不是宗教而是美学。禅宗美学充分印证了这一说法，它的流传得益于宗教又超越了宗教，它吸收了宗教的美学智慧并走向了大众化的审美。张法认为，禅宗美学的本质是追求一种现世的生存，不离现世而超世，不离此世而成佛。所以，禅宗美学以“自心”为禅修的途径，提倡“明心见性，直指本心”，以追寻心之本源，顿悟成佛。因此，禅是一种追求人生理想境界的独特修持方法，或者说是一种生命哲学、生活艺术、心灵超越法。禅宗精神是一种超越精神，超越现实矛盾、生命痛苦，追求思想解放是禅宗追求的理想目标。

在佛教传入中国之前，中国传统美学的审美观念和审美理念基本上受儒、道两家思想的影响。直到禅宗美学的出现，才带来了艺术审美心理的变革。隋唐之后禅风盛行，禅宗的影响深入到思想、文化、艺术等社会各个领域之中。禅宗美学为中国传统美学所带来的新的美学智慧在于它真正地揭示出了审美活动的纯粹性、自由性，真正地把审美活动与人性自由等同。

禅宗美学蕴含着的丰富的美学智慧是我们取之不尽、用之不竭的源泉，是环境艺术设计实践的理论基础，为我们设计的发展提供了源源不断的生命力。禅宗超越了宗教，是带有审美意蕴的生活艺术，超越了时空，超越了万物，其生命长久不衰。

3. 持续的动态实践

禅宗美学虽然蕴含着丰富的美学智慧，它的美学理念对环境艺术设计和设计美学具有一定的启示作用，但它从根本上还是源于宗教、服务于宗教的，它带有明显的唯心主义色彩。那么，对于设计师来说，对待禅宗美学的态度应该是批判地继承与发扬，突出禅宗美学的优点，发扬禅宗美学的美学智慧，使禅宗美学为环境艺术设计的发展提供设计和理论的源泉。环境设计是时代发展和文明进步的产物，禅宗美学必须在现代化进程中不断进行重构才能得到发展和丰富。对有助于环境艺术设计的理念，要在继承与发展的基础上结合先进的科学技术，适应时代发展的要求。环境艺术设计对禅宗美学的利用也必将是一个动态实践和丰富的过程。一方面，吸收西方先进技术和设计手段获得发展的动力；另一方面，充分发挥和利用本民族的传统美学文化，利用自身的优势，设计具有文化内涵和民族特色的作品。只有这样，才能赋予环境艺术设计的发展以生生不息的活力。同时，环境艺术设计必须符合时代性和满足科技性，通过物质与精神的相互协调促进设计的实践过程。

（五）禅宗美学在环境艺术设计中的原则

中国传统美学文化在地域上的发展是极不平衡的。中国传统美学艺术始终都是一种精英文化，高高在上，并在一个小氛围、小圈子里高度发展，传统美学艺术仿佛是精英的专利，而广大民众的文化教育却终年得不到普及与提高，导致广大民众的文化艺术素质低下，这种二元文化结构的现象至今还在蔓延，并已成为我国经济与文化发展的一个瓶颈。将禅宗美学深入到中国百姓的日常生活中，既可以丰富百姓的文化生活，赋予百姓智慧，又能提高百姓的审美素养。

1. 用自然代替矫揉造作

禅学大师马祖道一提出的“平常心是道”，在本质上是一种随缘任运、顺乎自然的禅宗美学自然观。在禅宗美学里，没有什么不自然或超自然甚至超越我们日常生活的东西。意指“追求一种任性逍遥、随缘放旷、自然适意的自然境界”。而所谓平常心就是“无造作、无是非、无取舍、无断常、无凡无圣”（《江西马祖道一禅师语录》），也就是排除一切对立的、绝对的外在表现，而这些外在表现只能是世俗之心和日常生活的自然流露，是人自身的自在发展，因为“著衣吃饭，长养圣胎，任运过时，更有何事”（《江西马祖道一禅师语录》），是一种自然的、诗意的生活方式与审美境界。禅宗美学倡导追求自然，引导众生摆脱世俗的束缚，到达佛陀境界。六祖慧能曰：“本来无一物，何处惹尘埃。”这种修行方式同样是一种“空”“无”的自然修行，是一种顺其自然、不矫揉造作的心态。引用到环境艺术设计中，就是设计师要尊重自然的发展规律，顺应材料的特性，从自然界中获得设计灵感、吸取养分的同时，达到人与自然的和谐发展。日本著名照明设计师角馆政英谈到负设计时说到：“和我一样，现在有很多日本设计师追求负设计，负设计是在满足人们需求的前提下将能耗降到最低。如果此处没有这个照明，人们就无法正常生活，那么这个光源就是必需的，如果不是，那么这个光源就是多余的。”负设计是一种健康的、对自然环境负责任的设计，之所以这样说是因为任何设计都会造成一定的能源消耗与环境污染，而环境艺术设计的作用就是为人们创造更加美好的生活。因此，设计师不仅应该设计为生活带来方便的作品，更要最大限度地减少设计所带来的二次危害，多使用竹、木、石等自然材料，避免使用以高能耗、高污染为代价制造出的所谓的“新材料”。

现代环境艺术设计发展到近些年才开始注重环保，节约材料与能源，或许与我们从小受到的“我们的祖国地大物博、资源丰富”的教育有直接关系，设计师只追求富贵华丽而与生态环境脱节，违背了中国传统美学所提倡的“顺其自然、天人合一”的思想。传统美学追求自然天性，反对人为的理念是现代环境艺术设计所提倡的。比如，很多设计师提倡的极少主义设计，即是推崇回归自然，认为只有在设计中与自然相结合，才能让人类在现在快节奏、高科技的社会环境中获得心理的平衡。事实上，这正是东方的朴素自然观与西方的现代设计理论的完美结合。现代环境艺术设计只有立足于现实，巧用自然材料特有的属性，面对消费者的真实需求，不矫揉造作，不为商家谋取不正当的利益，才能设计出真正满足生活需求、提高生活质量的产品，才能为“中国设计”做出应有的贡献。这要求设计师在遵循自然界的规律，顺应材料固有的本质特性的基础上进行发挥创作，从自然中获得创作的灵感来源，实现人与自然的和谐。在实际的设计工作中，设计师不仅要斟酌设计产品的实用美观性能，更重要的是还要尽可能地减少设计所带来的二次污染，多使用天然的、无污染的、低耗能的材料，简化不必要的、矫揉造作的设计造型，立足于客观现实环境，面对使用者的真实需求，灵活巧妙地利用自然材质特有的属性，创作出物我合一的舒适环境艺术。

2. 用简约代替繁复杂乱

综观环境艺术设计的发展历程，不同历史时期的环境艺术设计伴随着当时经济、社会和技术的发展，有着不同的设计风格。比如，现代设计萌芽的起源——英国的工艺美术运动，以追求自然纹样和哥特式风格为特征，旨在提高产品质量和复兴手工艺品的设计传统；工艺美术运动之后的新艺术运动，完全追求自然风格，强调自然中只有曲线，放弃任何一种传统装饰；现代主义设计中的构成主义、象征主义，以及后现代主义设计中的达达主义、波普艺术等，每一种风格的出现都有它特定的历史背景。英国工艺美术运动之前，包括机械制品在内的工业设计领域，其新观念的确立要来得迟缓，以至在工业革命发生以后的一段时间里，包括英国在内的许多国家的机械制品丑陋不堪、设计低劣。同时，过分装饰、矫饰做作的维多利亚之风，在设计中日渐蔓延，使传统美学的装饰艺术因失去了造型基础，而成了一个为装饰而装饰、画蛇添足的东西。这种状态的日趋严重，终于导致在工业革命的最早发生地——英国，发生了工艺美术运动。

在现代社会背景下，物质极度丰富，产品琳琅满目，人们一方面享受着辛勤劳动带来的视觉盛宴，另一方面又要承受着维持生活而带来的各方面的压力，于是越来越多的人选择简单、自然的生活，对环境艺术设计也追求的是一目了然，寻求视觉享受与心理承受能力的平衡。但是，环境艺术设计的“简”不只是简单，而是有内涵的简约、简洁。

“空寂”以“贫困”作为本质构成，“贫困”是“空寂”的根本属性。这种“贫困”事实上构成的是“雅致”的设计，它培养出了明显的质朴的格调。公然展示财富、夸耀或引人注目的消费被一种自然的、微观世界美学的愉悦感所代替。中国传统美学的艺术形式中，简洁的代表非中国画莫属，国画中的“留白”使得画面虚实相生，是一种营造“空灵”之境的简练艺术语言。如画山不画云，把空白处变成无际的云海；画堤岸垂柳不画水，把空白处变成广阔的江湖。

还有唐朝画家阎立本在《步辇图》中描绘的是唐太宗端坐于空白背景中接见西藏使臣的场景，谁也不会认为唐太宗会置身于荒野之中，在观者心目中肯定呈现出的是帝王周围的豪华宫室，此画呈现出的是一种特殊的中国式含蓄之美和大象无形的空灵境界。这种美和道家美学的“有”与“无”的对比相似，因为没有“有”又何来“无”？

环境艺术设计中的简约主义注重发挥结构构成本身的形式，造型以简洁明快为主，反对过多的装饰，崇尚合理的构成形式，注重材料的功能要求。采用细腻的手法加以处理，充分体现环境艺术设计各个空间的需求，简约而又不失美感，将设计的各个要素做到简而精的程度，达到以简代繁的效果。这里我们所说的以简代繁并不是机械地减少、否定，而是去掉那些多余的东西，通过简洁明快的设计手法来表达环境艺术设计的本质，使人得到彻底的放松。通过纯净来调节人们生活的空间，这正是现代社会中的人们所需要的。

3. 用宁静代替纷扰喧嚣

当下中国，困扰着人们生存与生活的最大的难题之一就是喧嚣。事实上，目前整个社会都面临着同样的问题，城市化进程加快，环境污染日益严重，物价大幅上涨，经济发展不平衡，人们的生活压力越来越大，导致整个社会处于浮躁的状态。食品卫生不合格、官场腐败、学术造假等屡见不鲜，社会呼吁道德的回归。在这样一种大环境的影响下，环境艺术设计也不可避免地走入了盲目追求商业利润的误区。禅宗美学认为，这是人性中“清净本性”的丧失。作为中国传统美学重要组成部分之一的禅宗美学，它追求的自然、忘我、自性清净及人生的理想境界，有利于调控现代人无限膨胀的欲望，让人们回归本真。

禅宗美学以“明心见性，直指本心”作为美学基础，使人获得解放、获得高度精神净洁澄明的心境。尤其是在现代这样一种社会状态下，禅宗美学倡导的“无念为宗，无相为体，无住为本”的人生态度更显得难能可贵。

所谓“无念”，不是万物不思，也不是什么也不想，而是“无上正受正觉，无邪念妄念杂念不善之念”；所谓“无相”“无主”是指不执着于万物与个人欲念，出淤泥而不染。从而达到光明、静洁、澄明的精神境界。然而，禅宗美学不是看破红尘、心如死灰、与世隔绝，不是脱离人世生活，而是斩断尘念，不被世俗中的贪念、欲望束缚，是一种超脱精神的审美境界与人生哲学。

抛弃世俗、寻找宁静的禅宗美学思想与西方简约主义的设计理念如出一辙。简约主义风行的原因有两个：一是经济的原因使得大多数人不得不用简单代替曾经的繁杂，是不得已而为之；二是工业化和城市化造成的严重生态破坏，使得人们在心灵上渴望寻求安宁、平静及生态和谐的生活方式，因此，越来越多的人选择用清新、直接的简约设计代替复杂的欧式雕花。对比西方国家，中国现在不仅面临着城市化、工业化、环境污染、生态破坏等严重问题，同时也承受着严峻的经济危机带来的压力。而反观中国传统美学，却大多提倡清心寡欲。王维在《绣如意轮像赞》里提出了“审像于净心，成形于纤手”，“审像于心”，是指审美主体要心境高洁才能对审美对象做出正确的评价。刘禹锡在《秋日过鸿举法师寺院便送归江陵》中云：“梵言沙门，犹华言去欲也。能离欲，则方寸地虚，虚而万象入，入必有所泄，乃形乎词。词妙而深者，必依于声律。故自近古而降，释子以诗闻于世者相踵焉。因定而得境，故悠然以清；由慧而遣词，故粹然以丽。信禅林之葩萼，而戒河之珠租耳。”文艺创作也受到了禅宗美学“净心说”的影响，要尽可能排除心中杂念，形成虚空的审美心境，这是艺术构思的前提条件。可见，中国人骨子里还是追求宁静、自然和素朴的。“艺通于道，道与艺合”将中国传统美学的“道”与现代艺术设计的“艺”结合了起来。禅宗美学宁静、素朴的美学智慧必将创造出令人望尘莫及的经典设计。心境高洁与明净是审美的前提，只有心境排除世俗、净化欲望之后，才能体会到宇宙万物的本质与内涵，才能达到真正的审美境界。

二、禅宗美学的环境艺术设计启示

禅宗美学认为，要做到顿悟本性、把握本体，获得无上的菩提智慧，依靠语言与概念是不行的，只有凭个体亲身感受和领悟才有可能获得。人如果执着于文字、语言，则只会走入迷途。微妙法门当以心传心，而非假文字，一切的有为造作、思维和推理只会离正法愈来愈远，智慧反而被蒙蔽。禅宗的不立文字具有很明显的道家美学特色，显然是受到了道家美学言意之辨的影响。通过言意之辨引发的不立文字的思想，使得中国禅宗有了区别于古印度佛教的理论基础，最终禅宗成功挣脱了原始佛教的羁绊，成为佛教的一支“教外别传”。

禅宗美学认为，般若之智幽微，深远难测，语言文字是一种有限的、相对明确的表达手段，无法准确捕捉到直觉观照中那种意义精妙、飘忽不定的非理性思维，而且不恰当的语言反而会消极地界定禅宗美学的内蕴，使得禅宗思想变得狭窄，以至失去其丰富性、生动性。把握佛性，只有靠心灵直接的顿悟才可以做到，因此禅宗美学主张“明心见性，顿悟成佛”。

（一）禅宗美学的顿悟渐悟观

悟，《说文解字》中解释为“悟，觉也。从心，吾声”。南朝梁顾野王所撰《玉篇》中对悟的解释为自我心灵的觉醒、开悟。这种悟可以是对外在事理的察觉体悟，也可指内心自我审视、反省的获得。悟在禅宗里是一个重要的范畴，具有本体论的高度。悟就是心性之悟，彻悟心性本就清净，而入佛道。禅宗美学的悟就是实现心灵的超越，就是超越经验、知识、理性、逻辑的主观体验，其内容或者说是自我本性的发现，或者说是本有佛性的呈现，亦或者说是对佛教真理的彻悟，总之是对禅的终极理想的自我验证。

悟自我心性，就可以成佛，这种主张使得佛与人的地位变得平等了，佛不再是一个高高在上的偶像。禅宗美学将心抬到了一个至高的位置上，因此在审美上，禅宗美学特别注重个体心性的表现。中唐以前，我国的艺术创作偏写实，而之后的艺术创作就偏写意了，艺术创作成为艺术家自性表现的载体。只有通过悟到个体的自性、心性，由悟心而进入佛道，才可以获得个体的终极自由及人生之美。

禅宗美学悟的特性与艺术创作及设计审美有着天然的关联。艺术创作和设计审美的本质是自由，悟的本质也是自由。认识自我是宗教与艺术共同探究的最高目标。禅宗的自性论与艺术的主体性是人类对自我意识的自觉追求。禅宗的悟是其美学与艺术及设计之间的一座桥梁。禅宗美学是一种注重感性经验的美学，其注重的是直观的内证方式，不立文字、以物观物，靠的是直觉的领悟，无须理智地分析和相互对立、比较的感受，这种体验不可言说、不可法定。禅宗美学的悟将中国文人士大夫对自然、对人生的审美观推进了更奇异、更神秘、更空澈晶莹的世界。

（二）禅宗美学的空寂观

“空”是佛教最重要的教义之一，也是佛法不共其他宗教及世间学说的特质，佛门因此有“空门”之称。

《金刚经》云：“凡所有相，皆是虚妄。若见诸相非相，则见如来。”佛教认为，万物都不是实有的，一切转眼即逝，因此佛教主张以“空”体悟万物，这种空寂观是一种大智慧。这种空寂是超越时空的，是永恒的般若智慧和涅槃之境。禅宗六祖慧能道出了“空”的精髓：“世界虚空，能含万物色相，日月星宿，山河大地，泉源溪涧，草木丛林，恶人善人，恶法善法，天堂地狱，一切大海，须弥诸山，总在空中。世人性空，亦复如是。善知识，自性能含万法是大。万法在诸人性中，若见一切人恶之与善，尽皆不取不舍，亦不染着，心如虚空，名之为大。”

禅宗美学的空寂观对中国传统美学影响的最高表现，应该是使中国人的审美经验臻于空灵、缥缈、无限的美学境界，也深刻地影响了中国古代的艺术创作。在环境艺术设计中，禅宗“空”的美学反对人工的雕琢与装饰，强调运用纯粹自然的、单纯的材料，通过极为简洁、洗练的手法来营造环境，表现自然的无垠与秀美，反映内心的空灵与冥思。这种追求绝对自然与纯净的写意手法，构成了禅宗美学独特的魅力。禅宗美学的“空”衍生出了环境艺术设计中包容性的设计理念。包容性理念在环境艺术设计中就是用有限的设计语言，包括空间、体量、比例、线条、材料及色彩等设计元素，传递出更为多元的审美体验、更为自由的使用方式和更为平等的普世价值。

三、禅宗美学的室内环境艺术设计体现

（一）禅宗美学意境与室内环境艺术设计理念的融合

禅宗美学意境的室内环境摆脱了我们以往对室内环境设计的看法，打破了我们过于重视室内环境设计三维空间的执着和束缚，回到了最初用视觉去观察材质、光影、空间的设计出发点上，以达到室内环境“以柔静心”的目的。禅宗美学意境的室内环境展现的是纯朴平和、幽静深邃、开放如初的场景，空间环境与自然的关系是相互融合、交相辉映的，带领人们的心境去与自然合为一体，真正地达到人与自然的最初美好。

1.“少即是多”与禅宗美学的“空”观

“少即是多”的设计理念是由著名建筑大师密斯·凡德罗提出的，但这里的“少”绝不是意味着“无”，也绝不是如一张简单的白纸，让你觉得像根本没有设计一样。人们在他的作品中不难看出，每一处都是经过了反复推敲和精细设计的，并且精简到不能再精简，真的是达到了多一分太多而少一分又太少的审美境界。

同时，我们在研究禅宗美学的过程中，感受到禅宗美学所追寻的“空”的境界与密斯·凡德罗提出的“少即是多”的理念有着惊人的相似之处。禅宗美学以“空”为其核心基础，禅宗美学视一切均为虚幻，认为真实的存在只在心灵的顿悟中。“空”是消除一切欲求的“心”“境”两忘，是从一切束缚中解脱出来而获得的异常淡远的心境。而通过“少即是多”的设计，将一切设计元素精简到最适合的状态，也就能够呈现出一种“空”的境界，净化心灵，得到一种最完美、最平衡的状态。这时的设计应该是最美的、最能达到意境的，所谓最高层次的设计。

禅宗美学意境的美感并不是追求空虚和死寂，而是在静寂的氛围中展现生

命的跃进。“少即是多”的设计思路既包含了禅宗美学对“空”的崇尚，又暗含了东方文明几千年的辩证思维方式，表意越“少”，隐含越“多”，可供想象的空间也就越大。禅宗美学的“空”以绝对的寂静衬托出了“动”的细腻和优雅，表现出的那种动与静的和谐，契合了禅宗美学少则多的精神。而运用到室内环境艺术设计中，则与“少即是多”这句让20世纪西方建筑界为之震撼的至理名言不谋而合。

“少即是多”与禅宗美学的“空”所追求的都是一种看似把一切都看空了、看淡了，而实际却又是最在意、最用心地去实现、去营造的一种理想的境界。虽然两种理念相隔千山万水，在时间上也有一定的距离，文化不同、民族不同、信仰不同，然而对美的追求却不谋而合，这也许是一种巧合，但恰恰验证了人们对美的追求都是一样的。在室内环境艺术设计风格多样化发展的今天，“少即是多”与禅宗美学所散发出的美学智慧是值得我们借鉴的。

2. 自然主义与禅宗美学的自然观

自然主义作为一种有代表性的室内环境艺术设计风格，在室内环境艺术设计领域表现得十分突出，并成为人们追寻的一种设计理念，直至今日依然保持着长盛不衰的势头。自然主义的兴起源于人们对自然环境的渴望及对回归自然的向往，也印证了一个规律，社会越是进步，科技越是发达，人们对自然的渴望就越是强烈。自然主义强调回归自然、亲近自然，在室内环境艺术设计中多以自然材质为主，充分表现材质的天然纹理。它的美在于充分表现材质的自然肌理，以体现材质的天然、素色之美，从朴素中见高雅。不加色彩、涂饰，尤其那些外露的伤疤，更使人感到亲切自然。它的纹理表达让人回归到了古朴之中。

而在禅宗美学中，我们分明也感受到了禅宗对自然的崇尚和喜爱。禅宗美学思想所追求的是淡远和瞬间的永恒，以及让人达到心性平和、梵人合一的境界。禅宗美学经常假借自然这一媒介来使人感受和领悟，从对自然现象的观察与反省中，抒发“万法皆空、人生如梦”的感触。禅宗美学的自然观在室内环境艺术设计中不仅表现出了自然主义的风格特点，还将自然带到了一个更高的层次。禅宗美学的自然是一种空化的自然，这就使得人们在简单、质朴、静态的物体中，参悟出不简单、非质朴、具有活力与感染力的内容，从而感悟出一种精神境界。

3. 设计灵感的显现与禅宗美学的顿悟观

顿悟是禅宗美学的一种修行方法，指的是思维在瞬间的改变和飞跃，是禅宗美学有别于其他宗教流派的重要标志，也是达到其所追寻的涅槃境界的不二法门。禅宗美学顿悟的思维方式是东方人所特有的一种以经验为主的综合性思维，讲求亲证，重感受而不重分析，凭了悟而不依论证，重经验而不重思辨。它强调的是对感性经验的直接超越，却不与经验保持直接联系，在主、客交融中把握事物整体及其动态平衡。

设计师在艺术创作过程中需要一种独特的思维方式，这种思维方式是一瞬间的领悟，即设计灵感。灵感也叫灵感思维，是文艺、科技活动中瞬间产生的富有创造性的突发思维状态。灵感的显现是思维瞬间组合的表现，它打破了传统的思维模式，瞬间打开了思维的闸门，为设计带来了新的构想和启迪。作为设计师，无论是室内环境艺术设计还是其他艺术设计，应该说都离不开灵感思维。但灵感总是披着一层神秘的面纱，让人感觉若隐若现、虚无缥缈，是可望而不可即之境。从创作的实践经验来看，灵感就是久思不解的关键问题忽然在无意中产生的一种顿悟。这种设计灵感的显现恰恰与禅宗美学顿悟的思维方式极为相似。我们何不从禅宗美学的角度、从顿悟的思维方式去理解设计中的灵感，去寻找设计中的灵感呢？

设计是用感性的思维进行艺术创作，是具体的、可感性的，若用科学、严谨的理性思维去指导艺术实践，那必将陷入一种僵化、刻板的桎梏。这种具体可感性是设计思维和禅宗的顿悟思维的相似之处。禅宗美学强调“即心是佛，无心是道”。顿悟讲究“无心”，认为众生之心皆为妄想，只有体会“心”的正觉，做到彻底“无心”，才能断除妄想。这时的真心与宇宙同体，无挂无碍，来去自由，真正达到了涅槃之境。顿悟又是一种审美的体验，禅者将自己失却于事物中，与之同悲同喜，便知道了自我及事物。设计也是如此，在寻找设计灵感的过程中，设计者将自己置身于整个空间中，细细品味，仔细观察，认真总结，在不经意间突发灵感，为设计提供源泉。

顿悟与设计灵感的来源有着异曲同工之处，设计从思考到灵感闪现的过程相当于禅宗美学从众生到成佛的转化过程，除却设计需要努力与思考的前提外，二者还都需要顿悟思维的推动。设计是一门特殊的学科，设计师不仅需要大量的知识和经验的积累，还需要对先进思想、先进理念与先进科技敏锐的洞察与接受能力，通俗一点就是日常所说的设计天分。设计的灵魂是设计创意，创意不是靠经年累月的公式计算或冥思苦想得到的，创意可能会在不经意的瞬间，受到一件小事或者一个不相干的物件的启发，在偶然的瞬间迸发出来。对于设计创意，直觉与感性的影响要大过理性的推理，灵感的闪现具有突然性，稍纵即逝，也就是“顿”之后“悟”的瞬间。这种思维经过外界点拨的突变，对应了禅宗美学顿悟的“棒喝”法则。正是因为禅宗开悟的过程与设计创意的形成过程有诸多相似的地方，因此将禅宗美学顿悟的思维方式运用到设计中，对设计的发展必然会起到一定的推动作用。

4. 设计感悟与禅宗美学的境界

禅宗修行者的普遍观点是，修行的目的是获得佛法，理解、领悟佛教真理，以及体验菩提、涅槃的最高理想境界等。他们认为，只要克服对世俗的迷恋与贪念，达到佛法的要求，就是到达了领悟佛法的最高境界。然而，在禅宗美学看来却大不相同。一般修行者摆脱世俗的束缚固然重要，但是以对佛法的理解程度衡量修行的结果，事实上又受到了佛法的束缚，同样没有达到最高境界。禅宗美学指出，修行者只有克服了对物质利益的贪念和对空净禅定及菩提涅槃等佛法的盲目执着，才能真正达到最高境界。修行者只有克服物质欲望与自身的精神杂念，才可修成正果。对于设计师也是同样的道理，要保持设计的单纯性，不能只为了满足商家的利益而设计损害消费者权益的产品。同时，设计师也应该遵守职业道德，以不违背自然规律、不破坏生态环境为设计前提。只有达到忘我的境界，才能保证用设计来改善人类生活。

禅宗主张自然修行，从日常生活的小事中体会深刻的道理。“佛曰：一花一世界，一木一浮生，一草一天堂，一叶一如来，一砂一极乐，一方一净土，一笑一尘缘，一念一清静。”（《佛典》）当年世尊在灵山会上，拈花示众，众人皆茫然，唯迦叶尊者破颜微笑，于是成就了禅宗的迦叶初祖。“世尊曰：‘吾有正法眼藏，涅槃妙心，实相无相，微妙法门，不立文字，教外别传，付嘱摩诃迦叶。’”（《五灯会元·七佛·释迦牟尼佛》）禅宗思想这种不用文字或语言说教，就能将人生的大道理融于日常生活中并表达出来的修行方式，或许与六祖慧能不识文字有关，但更是禅宗美学智慧的体现。古代普通百姓的文化程度低，很难明白抽象深奥的文字，因此禅宗将人生哲理寓于与日常生活息息相关的事物中，潜移默化地影响着人们的思想。

青原唯信禅师的人生境界通过对山与水的辨析产生了三次质的飞跃，让我们通俗地明白，以世俗的眼光看山、水，看到的只是山、水本身，山当然是山，水也当然是水；如果心灵修行到了一定的境界，不再被外部事物所影响，到达了“如如不动”的境界，此时再看山、水，山也只是山，水也只是水，不再执迷于具体是山还是水。现代设计应该通过设计本身而不是靠文字解释让人们领悟设计的内涵。在设计国际化的今天，设计是一种无国界的艺术语言，因此需要用抽象比喻的表达方式，让世界各民族的人都能引起共鸣。设计之所以存在，是因为现有事物不能满足人们的需求，需要有新的事物代替，为满足新需求的设计是对现实的否定，但人们的追求永远无法满足，因此当设计结果再衍生出新的需求时，设计即是否定之否定。首先，从设计的发展过程来看，设计风格的出现就是否定之否定的过程；其次，从设计作品的衡量标准来看，设计也是否定之否定的过程。在人类生存之初，工具是为了满足生存的需求，必须具有实用性。当人们的生存需求得到满足之后，则开始关注实用之外的美观，即形式美，但始终以实用性为前提。而设计史上有一些设计既不实用又缺乏一定的形式美，反而成为流传的“经典”。设计师在设计及其作品衡量标准的双重发展中，应该不断提升自身的设计与体悟能力，以满足不断变化的市场需求与消费者精神需要的诉求。正如“佛祖拈花，唯迦叶一笑”，众人茫然，只有迦叶洞悉了佛祖的心意一样，设计师也应该如迦叶一般，深刻体会消费者的内心诉求，这样设计出来的作品才能够最大限度地适应市场，满足消费者的需求，才是真正成功的设计。

室内环境艺术设计应当有效地运用设计的艺术语言，学习禅宗美学平易近人、追求自然的修行方式，以设计的自我表达取代复杂的说明，让室内环境艺术设计成为人人都可以使用的，好用的、实用的设计。

（二）禅宗美学与室内环境艺术设计的审美境界

1.禅意室内环境的审美精髓

室内环境由原始人基于生存本能创造的实用空间，发展到了以形态构成、视觉原理、现代科技和文化生活为依托的功能空间，如今人们更向往社会、文化、生态、发展等多元化的，体现综合人性的空间环境。人在追求理想中生存，生理需求得到满足后的人们追求的是心理感应、审美情趣和自我实现。空间形态中点、线、面、体的组合技术，是一种手段，而不是目的，应以人为中心，以人的需要、活动规律、自由发展为基础，创造人性化的生存空间环境。空间环境不仅是住人的物质容器，更是情感的容器，带着情感信息的空间环境应是室内环境艺术设计的最高境界，而情感信息是通过室内环境意境的营造来传递给人的。情感信息是室内环境所特有的语言，它积淀着深刻的精神内涵和浓厚的创作激情，并随着体验者空间环境体验的时间进程而不断积累，使其自身的想象活动不断扩展和深化，以至达到情感上的沟通和认同。这是以室内环境和时间为媒介的不谋而合的感动，是审美感觉上的愉悦和心灵上的共鸣。而设计师通过空间环境所营造的氛围，不是来自表层的符号或浅显的构件，而是发自深层的文化内涵的展现。

这里涉及了“意境”这个概念，意境一词并不是建筑学所固有的，而是一个被引申的概念。在《辞海》中，它并没有包括建筑的意思，“意境，文艺作品中所描写的生活图景和表现的思想感情融合一致而形成的一种艺术境界。”在室内环境艺术设计中，对意境这个词的使用很少见，即使老一辈建筑大师梁思成、刘敦祯等也没有在他们的论著中使用过，他们使用的是“意匠”一词。然而，随着建筑学的发展，也由于语言学和美学的发展，意匠一词在建筑学里虽然未消失，而意境一词却逐渐扩大了自己的延伸面。西方建筑思想的传入，使建筑作为一门艺术被人们承认，把意境这个概念引入环境艺术设计中，无论是在理论上还是在实践中都是很有意义的。宗白华在《中国艺术意境之诞生》中提到，意境可细分为功利意境、伦理意境、政治意境、学术意境和宗教意境等。我们可以把禅宗美学意境看成人生的一种审美境界，它集中体现了人们所珍视的自由感的以下几个方面。

（1）无言

禅宗美学意境就是内心深处一种说不出的心理感受。禅宗美学意境的发生是突如其来的，即在日常事物的触发下，突然体悟到一种愉悦感，似乎过去、现在和未来融在了一起，物、我的界限被超越。禅宗美学意境不是可以用分析和比较的方法获得的知识，而是一种说不出的内心感受，语言在此失效，甚至变成了障碍。禅宗美学作为佛门一宗就是在无言中诞生的。

（2）无理

禅宗美学意境依赖直觉，而与逻辑推理并无关系，禅宗美学意境中没有理性的深沉思考，它的过程、结果和目的无法用逻辑方法加以检验和说明。禅宗美学意境引导人们进入没有概念演绎的领域，禅之悟非理性认识，也不是不认识，而是一种直觉感受。禅宗美学意境是个体对人生之谜的独特领悟，当然无法通过共同的规范和普遍的法则来传授。

（3）无碍

禅宗美学意境让人保持一种虚静无碍的心态。唯其虚，故觉万法皆空；唯其静，故觉万物不动。既虚又静，便能任心逍遥，摆脱一切精神障碍，获得自由自在的感受。此时，瞬间领略到永恒，刹那间已成终古，所谓“万古长空，一朝风月”。值得注意的是，为达到永恒必先占有瞬间，永恒的前提是具体的感性时间和感性空间，所以在禅宗美学意境中领略永恒就不能离开现实的人生启示。

（4）无我

在直觉观照的禅宗美学意境中，人们的心中只有一个通体透明的世界，分不出物与我的区别。在日常生活中，人们以朴素之心对朴素之景，山就是山，水就是水，大自然无伪地呈现出它本来的样子。而后，随着知识的增多，人的主观自我膨胀起来，开始以是非、善恶、有用无用的标准衡量自然，借助语言概念评价自然。这样，大自然的完整性就被破坏了，成为外在于人的陌生者，其本来面目被掩盖，山不再是山，水不再是水。经过禅门的修行，人得以摆脱理性的缠绕，回到本真的生命状态，在顿悟的基础上以朴素之心对朴素之景，大自然再次无伪地呈现出它本来的样子，故山还是山，水还是水。可见，禅宗美学意境之中没有“我”，因为“我”在物中，或者说物在“我”中。物我同一、物我两忘，这就是禅宗美学意境的基本状态。

2. 禅意室内环境的审美意境

禅宗美学所倡导的是一种生活态度，其在室内环境中为人们提供的是世界上最原始、最本初的面貌，我们称之为禅宗美学意境室内环境。禅宗美学意境室内环境承载了禅宗美学最核心的本质，它所倡导的设计理念是生态、朴素、自然的，为人们提供了一个超凡绝伦、耐人寻味的室内环境场所，它实质上营造了一种空间的意境。简而言之，禅宗美学意境室内环境就是极具禅宗美学意境的室内场所，它的空间意境中饱含有深刻的禅宗美学意蕴，它关注的是人内心的感受、体会，会让人产生超然的心境。

（1）平淡与简雅

禅宗美学以淡为尚、以简为雅、以惨淡微茫为妙境，化深厚为潇洒，变刚劲为柔和，一洗火气、燥气、锐猛之气而进入一个更深的或更为基本的层次，在怡怪恬淡的韵律中，展示人与自然的内在节奏与本根样相，即物我无间的豁然开悟之境。禅宗美学触及了有关生命的、最终的、不可知之真理，其特色必然是静穆与单纯的。舍去非必需之物以接近本质，就是单纯。它对喧闹混乱的否定可以说达到了无限，有如晴空无片云。禅宗美学意境的美感并不是追求空虚和死寂，而是在静寂的氛围中展现生命的跃迁。禅宗美学的“空”以绝对的寂静衬托出了“动”的细腻和优雅，表现出了动与静的和谐，契合了禅宗美学“少则多”的精神。

（2）奇特与深妙

奇者不在位置，而在气韵之间；不在有形处，而在无形处。体现了禅宗美学“一即多”“多即一”的精神。“一”即是“奇”，即是整体，无须顾及细节。换句话说，并非是“多”构成“一”，而是“一”构成自身，并在其中展示“多”。不是以形态表现无形态，而是以无形态作为创造主体并在无形态中表现自身。一片竹叶往往体现了宇宙万物的存在真理，而宇宙万物的存在真理也可以全部无遗地体现在一片竹叶上。

（3）解脱与自由

“生命诚可贵，爱情价更高，若为自由故，二者皆可抛。”在贪、嗔、痴、慢、疑，以及忧悲苦恼的烦恼区域，又有谁能获得心灵的自由与解脱？所以，人虽然生活在自由的社会里，但自由毕竟有限，特别是心灵的自由，除非能彻底摆脱贪、嗔、痴等烦恼枷锁，否则绝无自由可言。

（4）纯粹与干净

禅宗美学中的纯粹与干净是相辅相成的，它们二者常常成为设计师的设计出发点，日本建筑师安藤忠雄将自己的建筑词汇限制为极少的几种纯粹的材料和表面处理，如厚玻璃板、抛光的混凝土和未经装饰的木材。然而他的材料相当干净、现代，相对卑微，表现出了令人惊异的谦逊。他的建筑禅意扑面而来，充满了纯粹与干净之美。

（5）虚与空

空灵是艺术的生命，只有“空”，才能“灵”，才能生“意”。所谓空灵，就是艺术形象隐含着丰富深远的东西留给欣赏者的广阔的想象空间，所谓“不着一字，尽得风流”。充满禅宗美学意境的作品，往往能呈现出镜花水月般的空灵美。

禅宗美学意境的空灵美，是一种尚空哲学。佛家站在超越一切时空的制高点上来回眸俯瞰现世与人生。在修行者的慧眼中，世上万物变动不居，人生更是如烟似梦。他们彻底否认现世世界，认为一切色相皆空。空观是禅宗主要的修行手段，通过空观，灵魂为之净化，大脑一片通明，人的精神从尘世的一切纷扰烦闷中解放出来，进入自由无羁的状态，获得一种宗教的纯粹的美的享受。艺术是心灵的折射，艺术家那颗晶莹澄澈、光透十方的禅心映射于意境，焉有不空灵之理？但空灵并不等于虚无，似空而实有，艺术以形象说理言情，长于空中见有，虚中见文，让欣赏者于空灵中领悟艺术作品所寄寓的丰富的情感和深邃的哲理。禅定的思维特点讲虚空，禅宗美学的思维特点也讲虚空。“空”“无”的境界是禅宗追求的最高境界和理想，也是禅宗美学追求的最高境界和理想。

（6）静寂与无我

设计中的禅宗美学意境往往是静寂的境界，静寂美是禅宗美学的一个重要美感特征。静心是艺术创作的前提，追求静寂美是禅宗美学意境的重要特征。对于禅宗美学来说，定慧合一，体用不分。入静既是手段，又是目的，静寂的境界是美学的境界。静境能养心，静思能出智慧，静心是营造禅宗美学意境的前提，创作者只有心灵虚廓静寂，才可能灵感自流、游刃有余。静寂境界不是生命的死灰境界，而是生命力旺盛的另外一种表现形式。禅师悟禅到最高层次，生命潜能得到充分释放，潜意识可以得到调动，思维可以在浩瀚的宇宙中自由畅游。设计师创作时高度入静，灵感可以不期而至，出现情如狂涛、思如泉涌的最佳状态。因此，室内环境艺术设计中的静寂境界，是静中的极动，动中的极静，寂而常照，照而常寂，此时无声胜有声的艺术妙境。

无我与忘我的概念是等同的，在直觉观照的禅宗美学意境中，人们的心中只有一个通体透明的世界，分不出物与我的区别。在审美活动中，人能归于本心，通过自我调节、自我完善，去除人的生理所带来的种种欲望，创造出一个虚明空静的审美心灵，本体归复自然的本真，泯灭物我之间的界限，以使人与天地万物合一。外界事物的干扰与世俗杂念的侵扰，使人放弃了本心，要想重新达到人性与天性合一，则必须摆脱世俗杂念，超越自我的形体与心智，消除物、我，以及意、象，情、景，主、客之间的对立和差别，建立起物我统一、意象一体、情景交一、主客一致的关系，才能在静穆的观照中与宇宙万物活跃生命的节奏韵律冥然契会，以达到同天地相参，即人与天地万物为一体，与万物同致的境界。只有这样，始能认识万物，把握万物之道，从发现万物之道中发现自身生命之美，妙悟宇宙人生的秘密，从而达到禅宗美学的最高审美境界。

（7）淡远与清寒

东方艺术往往以淡远为高，艺术品中的禅宗美学意境更是追求一种淡远之美。宋朝、元朝以来的山水画多有禅意，其艺术境界也是不贵浓丽而贵淡远的。淡远之境是艺术家淡泊情怀的外化，是他们一颗高洁道心的精光外射。艺术带有超功利的性质，急功近利的艺术不是真正的艺术。淡泊情怀、净化自我，是禅宗美学的追求。

禅宗美学意境中的淡远绝不是肤浅浮泛，这里的“淡”，是绚烂之极归于平淡的“淡”。淡远之境之所以美，原因之一，美在天然。禅宗重经验、重直觉，因而以艺术形式呈现于我们面前的禅宗美学意境，往往是脱尽铅华的自然风景，它不借雕饰，纯然一色。艺术家的创作就是让自然景物所固有的物性、固有的新鲜感原原本本、完完全全地占有我们的感官，让我们在审美观照中化入万象，与天地精神往来，做生命交融。在他们的创作下，花的开、鸟的鸣、溪的流、旭日东升、朗月高挂，万物各得其宜，各呈其美，各显其理。原因之二，美在真纯。从某种意义上说，禅师的生活是一种审美型的生活，他们通过修行以追求人与自然的和谐，以彻底地忘形忘我。从这个意义上来说，禅宗美学是崇尚真纯美的，禅宗美学意境的淡远美，实际上是艺术家生命之源的自然流露。他们的创作拭去粉饰、洗尽尘埃，闪烁着生命的本色。

禅宗美学意境区别于其他艺术意境的重要特征之一是清寒美。唐代王维、柳宗元等的诗文，不乏受到了禅宗美学的影响，多有清寒之气。而寒山、贾岛等这些与佛门缘分极深的诗人，其艺术创作与美学理论更是追求一种雪洁冰寒、泉清月冷的艺术境界。词以境界的幽微取胜，也企求一种清寒美。

禅宗美学意境的清寒美与禅师的修行生活、修行环境有很大的关系。首先，禅宗美学意境的清寒美是禅林生活的反映。禅师脱离现世，遁入空门，在古庙破庵、晨钟暮鼓中打发时光，说明他们陶醉于这种孤寂清寒的生活环境。寺庙多在高山绝顶、流泉飞瀑、冷雾寒风的环境中，他们在这样的冰凉世界里生活，其目的是远离污秽的尘世，让自然界的寒风冷雾冷却炽热的尘心，让流泉飞瀑洗涤思想的污垢，使灵魂净化、人格升华。因而，他们看到寒碧的山色、清淡的月光、冰冷的积雪时是那样气爽神清，他们的内心情感与生活的冰凉世界合而为一。其实，禅师对自然有一种特别的亲近感，尤其是南宗标榜在对自然山水的观照中参悟佛理，因而他们一生便与清风明月、青山绿水结下了不解之缘。其次，禅宗美学意境的清寒美是修行心境的反映。禅师的修行心境也容易进入清寒境界，他们修行的目的不外乎是获得一颗不生憎爱、亦无取舍、不念利益的清净本心。涅槃寂静是禅师修行的终极理想，也是终极境界，进入此种境界时，心境也有清寒的感觉。清寒之境不是枯萎的生命之花在艺术中的投影。禅师对现世人生的鄙视，对优哉游哉的佛国净土的企慕，使他们从更高的层次上把握人生，让生命的火花迸发出绚烂的冷光。禅师的修行理想，绝不是扼杀生命机能，而是力求主宰自己生命的全部，像原子核裂变一样，尽可能释放生命的全部能量。他们创造的长寿奇迹便是明证。别看他们从寒风冰雪中走来，其实生命的暖流在暗中奔腾。禅宗美学意境的确是东方艺术的高层美学境界，说不完、道不尽，具有不可低估的审美价值。禅宗美学意境的美感特征是多方面的，我们探索禅宗美学的美感特征，旨在更好地认识禅宗美学意境、把握禅宗美学意境、欣赏禅宗美学意境。对禅宗美学意境的充分肯定并不意味着对其他艺术意境的否定。

（三）禅宗美学与室内环境艺术设计的营造途径

营造禅宗美学意境的室内环境绝不是简单地标榜禅意，而是需要在“精”与“神”方面与禅宗美学完美契合，营造出空寂、灵动的禅宗美学意境。所设计的室内环境并不是设计者强加给观者的某种空间，而是观者自己去体悟的空间环境，并在情感上产生共鸣，实现观者与空间环境的互动。构筑一个既满足空间环境功能需求，又具有完美艺术内涵的室内环境，要善用禅宗美学意境，将禅宗美学意境的室内环境营造手法与室内环境设计原则相结合，把空间的形、色、光、质等各个设计要素进行合理组合。在设计中，各要素缺一不可，各要素及其设计方法是相互穿插的，并不会单独存在于某一空间中。

1. 模糊界面的营造手法

空间边界作为一种线性要素，缝合了两个空间领域，它的明确限定使得空间领域的轮廓变得清晰，从而形成了空间环境界面的形态关系。界面的实质是围合领域的边界，与其说是界面将空间围合出来，不如说界面令空间环境显现出来。室内环境通过围合手段对空间状态进行一种限定，“界”与“界”之间的精确界定使空间环境具有了强烈的功能意识，室内环境就此而产生。因此，空间界面的设计对整个空间意境的营造有着不可小觑的作用，它以最直接、最形象的方式向人们展示着空间的视觉特征及空间质量。室内环境界面包括水平向度和垂直向度，其涉及界面的形式、材质、色彩及界面之间的建构关系等诸多方面。清晰的自然材质线条不仅能勾画出空间的几何外形，使空间环境在显得优雅和纯洁的同时具有一种几何模式，同时使空间环境整体上呈现出纯净的自然气息。与光线结合既能增加空间环境的多变性和流动性，还能营造一种朦胧模糊、幽暗的禅宗美学意境，使人保持一种高雅和庄重的特殊品质，去体会那穿透房间、色调丰富的光线中蕴含的韵味。通过对建筑室内环境界面进行处理，能够弱化或消解建筑的“物”性，并重新组织建构起建筑的视觉秩序和精神意义。因此，界面在很大程度上决定了空间的性质。

禅宗美学提倡既宁静又极具流动性的生活方式，强调因物我界限消融带来的室内与室外、此与彼、有与无等无分别的模糊暧昧的体验感，以其为创作灵感的建筑空间环境必然呈现出流转无常的状态，形成既能穿越空间又灵动的足以联系室内外的空间环境。日本近代伦理学者、哲学家将其描述为“没有距离的聚合”。此时，空间环境的现实意义就是一个穿越于一连串建筑实体的体验过程，体验通过运动的秩序而得到强烈的空间环境感受。因此，室内环境的围合界面通常通过某种潜在的秩序，将离散的表面重新组织起来，形成空间环境的围合或空间环境之间相互渗透的视觉感受，空间环境的分隔和聚合便构成了室内空间环境流动的“气场”节奏变化，虚实对应的变换效果使建筑空间环境从传统静态空间逐渐发展成为动态空间，具有强烈的动态时空感，建筑空间环境也表现出了更丰富的自由变化。这种室内环境虚实变换、相济相生、相互渗透，完美地诠释了禅宗美学的虚实之道。此时，建筑不再作为一种事物和对象而独立存在，而是成了一种互动性的空间环境，容纳和激发各种可能的行为。这种空间环境的互动性不仅体现在室内外界限的模糊上，同时也体现在室内各空间之间界限的模糊上。空间的模糊性也使得空间环境在发展变化的过程中，其性质由秩序空间过渡为混沌空间，为适应这种变化，室内环境界面的形态也由硬性边界发展为偏向于软质型，甚至可变幻的流质型界面。

2. 本色材质的营造手法

安藤忠雄认为，有三种元素是建筑形式化的必需，最重要的是素面的材料，也就是显露真实材质的材料。对于建筑师和室内环境设计师来说，材质是设计的基本出发点。任何时代都可能出现对形式、符号的惰性依赖，材质则是完成一套符号系统的必然手段。要创造一个充满禅宗美学意境的室内环境，必须充分考虑材质的质感、色彩和图案等多方面的因素，利用普通的材料创造出深邃的艺术设计意境。不同材质带给了人们不同的空间意境感受：天然石材给人以坚硬、阴冷的感受，空间也呈现出气派、肃穆、冰凉的气氛；木材的天然纹理、温和的性格常使室内环境显得平易近人，而有方位性的纹理质地能强调空间的长宽感受，质感的强烈对比往往能创造出变化无穷的美学意境来。在营造空间意境时，往往借助材料的变化来界定不同功能的空间环境，以表现出与功能空间环境相协调的禅宗美学意境；或者利用材料表面特征产生的联觉以利于禅宗美学意境的创造；又或者运用材料来展示结构，显示独到的功能特质和丰富的艺术语言以创造出具有现代感、力度感的意境空间；又或者利用材质肌理有效地烘托空间氛围，创造出独特的视觉效果。

自然材质特有的质感和色彩易激发人们对自然的想象和体验，恰到好处的运用能将人们的审美感知和审美表象结合在一起，使人们获得愉悦感。利用自然材质来营造禅宗美学意境的空间环境，是实现禅宗美学意境的基本手段。秉持禅宗美学崇尚自然这一原则，在营造禅宗美学意境的室内环境时，设计师通常会借鉴和抽取自然中固有的景物，经简单加工、修饰后，尽可能地以其本来的样貌与状态呈现在观者眼前，让观者感受到其与自然的相互交融。空间界面的天然纹理、自然色彩及其所附带的文化内涵，以其简洁、纯净的表象，营造出一种淡泊之境，表现出很强的艺术感染力，影响着空间环境的整体感受。在这样的禅宗美学意境的空间环境中，人们可以从自然的艺术形式中体验到禅宗美学的空寂幽玄之美，从而保持心灵的超脱。

在禅宗美学意境的空间环境营造中，常使用如木竹、藤草、石板等温润之材，它们不仅透射出一种朴素、内敛的气息，同时在色彩上使得空间与自然环境更和谐统一。从其纹理中往往能感受到时间的流逝，看到岁月留下的痕迹，在这样的空间环境中，感受到的已不仅是三维空间的情感体验，而是上升到加入了时间的四维空间的情感体验，人与自然、人与生命的对话在此得以升华。各种材质的相互碰撞，也能带给人视觉上刚与柔、隐与显的禅宗美学意境享受，材质的肌理和质感烘托了禅宗美学意境的艺术氛围，形成了丰富的室内环境效果。前文提到，禅宗美学意境的空间环境蕴含着“虚实相生”之境，空间界面的处理同样可分为实界面与虚界面两种展现方式。

3. 光影意象的营造手法

在各个表达因素中，光是最基本的设计元素之一，并具有丰富的表现力，它对建筑空间环境的表达起着决定性的作用。没有光，就谈不上空间环境艺术，因为它是表达建筑空间环境场所精神的视觉语言。只有在光的照射下，才能呈现出光影的对比、空间材质质感及艳丽斑斓的色彩，它们共同构成了千变万化的建筑形态和多姿多彩的空间环境。此时的空间环境被赋予了丰富的层次变化，建筑空间环境实体也在光的作用下被我们的眼睛进行解读，并使我们感知到了空间体量尺度，最终形成了人与空间环境的视觉互动。这种光与空间环境一体化的关系体现了一种光与空间环境双向互动的设计模式。

光在建筑环境中常常以一种平和的、人性化的方式介入，它随时间而变化，增加了空间环境的可变性，给空间环境增加了情趣。对室外光源进行合理使用往往能在室内环境设计中起到一种变幻莫测的光影效果，实现自然之力对室内空间环境的重塑，使室内空间环境具有某种象征意义，整个室内空间环境既有静谧之感又带给人强烈的心灵震撼。对于人类来说，光是生命活动赖以进行的基本条件，是人们认知自然最重要的生存媒介，它诠释了时间和季节的循环变化，而人们也必须通过感知自然光的变化来感知整个自然界、季节、气候的变化，以满足自身的定位感、安全感和场所的需要。禅宗美学中，个体的真实性存在于物质消逝的界域，“明心见性”见证了光与个体内心世界的联结。日式传统建筑环境中表现的是消逝边缘微型宇宙，在这样的空间环境中静默沉思，感受光明与黑暗相互交织，最终体验到无限的尺度。光是人们感悟世界的视觉依靠，因此在禅宗美学意境的空间环境营造中，光的作用是至关重要的。光不是空间环境表现的主体，但它是空间环境实体的填充，它扮演了空间环境意境营造的主要角色之一，超越了仅作为照明功能的属性。

光与影的概念看似相反，实则相辅相生，光赋予了建筑环境明亮、喜悦的外观，影则表现了建筑环境含蓄、深层的内涵。建筑空间环境的性格在光影的糅合下，呈现出一种柔光弥漫的空间环境美学意境，光与影成功营造出禅宗美学意境空间环境的空灵之感。光与影交互的那一刹那，可以让人们感知世间的变迁，感受时间的推移和事物变化的无常；光与影的变化使整个空间环境呈现出不同的情形；光与影的相互衬托增强了各自的影响力，更赋予了室内空间环境无限的趣味，增加了作品的内涵，加强了空间环境效果。通常，在营造别具一格的禅宗美学意境的室内空间环境时，光环境的设计主要以简洁、朴实、柔和为主要设计原则，充分利用天然光和人工照明，丰富空间层次，强化视觉感受，动静结合地呈现禅宗美学意境的氛围。

（1）光的演绎

光作为万物之源，在展现他物的同时获得了自身特殊的表现形式，也为空间环境带来了特殊的艺术效果。它将物质世界呈现在人们眼前，使事物得以体现，人们也通过物体感知光的存在，光不但呈现物体，还营造着空间环境的艺术意境。

光是营造自然明亮空间环境的绝佳天然因素，它总使人联想到清新的空气、芳香的花草、清晨的鸟语等一切自然界美好的事物。人们在自然明亮的建筑空间环境中也更能体会到空间环境与自然环境要素的紧密联系。如芬兰著名建筑师阿尔瓦·阿尔托所说，建筑应该提供一种方法，通过这种方法可以将房屋与自然有机地联系在一起。通过光元素来营造空间美学意境的设计手法很多，主要有以下两种。

第一，隐性的设计手法。光不具有任何形状，但可以通过一些手段塑造光的形状，以达到烘托场景气氛的效果，即采用一种隐性的设计手法。隐性的设计手法主要有两种途径：一种是局部性开口，如开窗、开天井等，利用构件形状产生的物影来营造自然沉静的禅宗美学意境，如朗香教堂、光之教堂、冥想之庭、小筱邸等；另一种是采用镜面反射或漫反射的方式，镜面反射产生的局部强光可消解物体本身的形状，而受到强光照射以外的部分则呈现出周围环境或物体的虚像，同样的情况下，漫反射的光是柔和均匀的，不会在物体表面产生虚像，因此物体自身的形象就会在光照下完满地呈现出来，相对较容易达到塑光效果。室内空间环境，通过由竹木栅格和和纸构成的障子划分室内外空间，竹木栅格和和纸有微弱的透光性，有效地迎合了光的穿透性，光线经和纸以漫反射的形式烘托整个空间环境，使整个空间环境充满了一种模糊朦胧的氛围，室内环境因模糊光线而显得格外沉静，这样的空间环境可以使人感受到身心的沉静，引发人思索。

第二，显性的设计手法。相对于隐性的设计手法来说，显性的设计手法则是指通过大面的玻璃幕墙设计，使光在经过自然界的浸染后，与自然景观一同被引入室内空间环境中，让人感受到自然的美妙与真实。除了对自然光的引入，还要考虑人工光的设计，人工照明对室内空间环境氛围的营造同样具有非常重要的作用，可以借助自然光与人工光营造出一个泛光的空间，使人在空间环境中体验一种另类的沉寂之美。

（2）影的演绎

光影随行，影是可见的虚空，阴影以虚破实、化实为虚、虚中有实、虚实交融，常成为艺术创作中传达意境的绝妙载体。

建筑空间环境因为有了光而被人们感知，而光在物体背后留下的阴影同样使人们感知了光的存在。影作为光的另一极端面，获得了光的含义，具有了生命与活力。光随着时间而变化着，影也随之不断改变自身的浓度和形状，光影的交融变换使人感受到了自然万物的变化无常，从中领悟到了禅宗美学“无常”的理念。

虽然我们可能感受不到阴影有怎样的魅力，但它却完美地衬托了光的美。影因光的照射而存在，随光的消失而消逝。路易斯•康曾说，阴影之可贵来自环境和气氛，光之于寂静，寂静之于光，作为存在和呈现的给予者的光，投下了属于光的影。在空间环境设计里，总具有一种光线和阴影的持续，阴影吸入光明，而光明呼出阴影。日本传统建筑在影的世界中寻找诗意，它试图从光的世界中限定并创造出昏暗的阴影世界，在室内外环境交接的檐廊中，光和影的第一次交汇在强烈的对比与碰撞下形成了一种幽暗的灰色调空间环境。墙上所开的门窗已形成不了强烈的明暗光影，相反，它提供了一种暗光、漫光、幽光、荫翳之美，这也正是日本建筑所追求的重要美学意境营造手法之一。

环境艺术设计是为了满足人们的生活需要，合理组织具有美感且舒适的空间环境的一种综合性艺术，它是物质文化与精神文化相结合的产物，而禅宗美学作为中国传统美学的重要组成部分，也是中国传统文化、传统哲学思想的重要组成部分，它饱含着丰富的美学智慧，并在社会发展中走向寻常百姓，潜移默化地影响着人们的审美智慧。与人们日常生活息息相关的环境艺术设计，受到了不同国家、不同民族和文化的制约，不同国家和地区特有的生活方式、审美观、价值观也都对环境艺术设计的审美有着很大的影响。禅宗美学与环境艺术设计的审美追求、设计理念、设计方法等都有极为相似的地方，虽然我们现在不能完全认定环境艺术设计的这些特质是由禅宗美学演变而来的，但是我们可以清楚地认识到，禅宗美学对环境艺术设计审美、设计理念等都有一定的影响，也许这些影响并不非常直观，但可以确定禅宗美学潜移默化地影响了人类的审美，也影响了环境艺术设计的审美。也就是说，禅宗美学作为一种美学理念，它在社会的不断发展中或直接或间接地影响着人们对环境艺术设计的审美。

禅宗美学很少阐述美学问题，也很少谈论审美境界的问题，然而禅宗美学在阐发其存在观、人生观、认识论和方法论时，可以“悟”出丰富的美学意蕴，闪耀着智慧的光芒。审美就是为人们提供感性的、足以提升人格的高级精神享受，而禅宗美学所展示的就是一种宽容、自由的审美生活，它为人们提供的是一种审美的生活态度，一种极其精巧细致、空灵活泛、微妙无穷的精神享受。

简素质朴之美用在环境艺术设计中并不意味着单纯的简化，而是展现出了一种禅宗美学提倡的简素精神，在环境艺术设计中追求简洁明了、一目了然，寻求视觉享受和心理上的平衡。设计师通过禅宗美学的精神，在简单、质朴、静态的事物中参悟出不简单、非质朴、具有活力与感染力的东西，从而感悟出一种精神境界，并利用物质来营造空间环境使其充分体现这种精神境界带来的美学感受。在现代环境艺术设计中，不论是中国还是外国，对“简”的追求都十分强烈。

在现代的许多优秀的环境艺术设计作品中，我们不但看到了其体现出的简素之美，而且也感受到了其简约而不简单、充满创意的氛围。

环境艺术设计最初以居住为目的，到了封建社会则用室内装饰来象征森严的等级，现代社会则利用先进的科学技术实现了风格各异的环境艺术设计。可以看出，环境艺术设计在不断地发展，虽然我们不能草率地对这种发展做出评价，但是我们可以看到，随着现代化脚步的加快，人们生活在高楼林立、冰冷的钢筋混凝土和充满高科技产品的冷漠环境中时，会感觉单调、烦闷、抑郁。人们见到的蓝天、绿叶越来越少，于是对大自然的羡慕和向往之情与日俱增。渴望回归自然、与自然融为一体的本性流露了出来，并反映到人们赖以生存的空间环境中。通过潜移默化的影响，禅宗美学对自然的态度逐渐影响了人们对环境艺术设计的审美理念。当人们将自然的设计理念引入环境艺术设计中后，人们的身心便得到了放松，也仿佛得到了刹那的顿悟。从某种意义上来说，并不是人选择了自然理念，而是自然理念选择了人。

在许多环境艺术设计作品中，我们看到了大量人工照明、机械通风的运用，在材料和造型的选用上也过于追寻奢华和复杂，在色彩上追寻缤纷夺目，而禅宗美学“空化”和“心化”的自然观，给环境艺术设计的发展注入了新鲜血液。一方面，禅宗美学的自然观令环境艺术设计在形式上表现为对材质、色彩和自然光的运用。在材质上多选择天然的材料，如木材、石材等，保持材料的原样、原色、原滋、原味，甚至保留材料外露的疤痕等，以充分体现材料的自然肌理，表现材质的自然之美；在色彩上正如对材料的选择忠于材料本身一样，表现出了“原汁原味”；对自然光的运用则通常与造型相联系，通过对墙体、天花等造型的巧妙构思，形成了空间环境与自然的融合。另一方面，禅宗美学的自然观以自然喻象，从而达到了顿悟、空性的目的。这种自然之美在环境艺术设计中表现为通过抽象的、符号化的装饰和自然元素来表达深刻的内涵。

在禅宗美学自然观的影响下，环境艺术设计在审美上体现出了对自然美的追求，让人在简单、质朴、宁静的环境中，参悟出深刻安详的精神境界。在这种审美观的影响下所创造出的空间中，营造了一种清新、静雅、自然的环境氛围，其表现的是自然的回归和人性的回归。

（四）无常的美学设计启示

1. 无常的设计美学理念

无常观作为禅宗美学的基本美学观，其美学所折射出的物哀美学影响了日本的美学思想，并成为其审美文化的主要特征。无常观所衍生的残缺美并不是不完美，而是对完美的超越。这种残缺美具有极强的东方美学特征，体现了在禅宗美学影响下的一种重精神、轻物质的审美理念。不完整美是残缺美的弱化效果，依照西方的完形心理学理论，“不完整形”可以带来更为丰富的审美依验。不完整美可以广泛地应用到建筑设计、产品设计和平面设计、环境艺术设计当中。无常观带来的不确定性美的审美观暗合了当代信息化社会的特征。不确定性美学是对西方现代主义的精确性及一元性设计理念的挑战，依照不确定性美学思想设计出来的建筑及产品给予了我们一种全新的审美感受。无常观的美学与西方美学有很大的差异，在当今时代，挖掘禅宗美学的无常观有助于我国环境艺术设计界形成特有的设计方法及设计评价体系。

2. 无常观下的物哀美学

无常观作为禅宗美学看待万物的一个基本观点，深刻影响了日本艺术审美。《平家物语》中说道，祇园精舍的钟声，有诸行无常的声响，沙罗双树的花色，显盛者必衰的道理。强调诸行无常、盛者必衰的悲叹色彩。就这样，无常观逐渐融入日本人的内心深处，不再是严格意义上的佛教术语，而成了一个表达人生虚幻感的日常性词语。日本文学大多以无常为基调，日本读者沉醉于因无常而起的淡淡哀愁中，并将其视为艺术美的极致。

受禅宗美学无常观的影响，日本产生了其独有的物哀审美意识。在日常生活及艺术创造、艺术欣赏中，外在物象和主体内在情感意绪相融合而生成的情趣的世界，也就是自然和人生的各种情态触发、引起的优美、纤细、哀愁的情感表现。吉田兼好在《徒然草》中说，不完整的事物更有意义……无论任何事物，圆满、完美都是不好的，保留着残缺的状态反而更有情趣。在中国的文学中，也可以窥探到这种审美感受，“月满则亏，水满则溢”（曹雪芹《红楼梦》第十三回）从反向的角度肯定了这种审美观。物哀作为日本美学的一个基本内容，已经成为日本人普遍追求的艺术趣味和共同的民族审美意识。这种传统的美学思想，成为构建民族的艺术生命和美学思想的重要因素。

（1）设计的残缺之美

在日本人的生活中，通常会看到一些因物哀审美观而设计的艺术物品，这和在中国所见的一些物品非常不一样。日本很多的日用品呈现出了“残缺”的形态。大多数画道使用的花瓶其形状多是不对称的，器皿的局部不是平滑的曲面，而是凹凸不平的，瓶口似乎要做成圆的，却在有些部位缺了一些，构成了不完整的圆。日本禅宗研究者铃木大拙指出，禅认为不完整的形式和有缺陷的事实都更能表达精神。因为太完美的形式容易使人将注意力转向形式本身而忽视了内部的真实性。日本人更为习惯欣赏一些残缺的物品，在我们眼中似乎这些是不完美、不够精致的产品，但在日本却被认为是超越完美的一种不完美。

（2）升华的不完整之美

“不完整”是对“完整”有意识的打破。从审美角度来看，“完整”为审美主体提供了一种清晰、完美的形象。从审美体验来看，“完整”趋向于单一明确的审美结果，而“不完整”为审美主体提供了一种模糊、缺失的形象，在审美活动中，需要审美主体通过认知和理解去补全这个形象才能完成审美活动过程，也就是说，“不完整”为审美主体的审美活动过程提供了更宽的间隙。在这种间隙中，审美活动过程有更大的自由性和多元性。对于“不完整”的欣赏，欣赏者往往会有一个“再创造”的审美过程，也就是对“残缺”的部分进行“补全”，使之趋向于“完整”。从细节来看，与“完整”的各个组成部分相比，“不完整”的各个部分已经发生了变化，但是对于人的认知来讲，“不完整”还是一种“完整”，也就是说构成整体的各个部分或元素虽然变了，但是作为整体的“完整性”仍然不变。

感知到的东西要多于眼睛见到的东西，任何一种现象，其中的每一个成分都牵连到其他成分，每一个成分之所以有其特性，是因为它与其他成分具有关系。欣赏者审美倾向、审美标准、审美心境的不同使得其在欣赏残缺的设计时会形成一种暧昧的、朦胧的审美效果，这种模糊性反而显现出了残缺的审美客体的生命力和活力。中国环境艺术设计师从最初就不排斥“丑”，老树、怪石、病梅这些所谓“丑怪”之物在艺术家眼中却有别样的审美价值，深得艺术家和收藏家的追捧。宁拙毋巧，宁丑毋媚，充满野趣和逸情。残缺与美的辩证表现彰显出了纷层迭出的艺术个性。

3. 无常的设计运用

无常观也并非全是哀物的，除了消极的一面，也有积极的一面。虽然无常使得人们无法把握瞬息万变的事物，产生人生短暂、转眼即逝的感叹。在禅宗美学看来，无常所孕育的变化，恰恰使人们顿悟成佛成为可能。有无常转动整体世界，人们才可能转识成智、转凡成圣。若没有无常来变化世间万物，整个人生将不再有改变，更谈不上解脱，个人的修行将不再有意义。这才是对“三法印”中“诸行无常”的正确理解。

依无常观，事物都处于变化之中，而事物的变化使得人们无法确定事物下一步在哪个阶段、呈现何种状态。在信息化社会中，信息瞬息万变，消费行为更为复杂，其主要特征也是不确定的。无常性与信息化设计的不确定性有着天然的相通之处。在日本这个深受禅宗文化影响的国家，其对于将“不确定性”应用到设计中有着天然的优势。

不确定性将人熟知一个建筑所需的时间尽量拉长，让建筑提供给人更久、更丰富的新鲜体验，引起了观者对建筑更多的琢磨和细节关注，使建筑散发的美感更加韵味深长。

第三章　环境艺术设计的基础理论、美学规律与基本原则

第一节　环境艺术设计的基础理论

一、人体工程学

人是室内外空间环境系统的主体，美国著名建筑理论家卡斯腾·哈里斯曾指出：“大部分时间中，尤其是移动时，我们的身体是感知空间的媒介。”我们总是通过亲身参与各种活动来感知空间，于是人体成了衡量空间的天然标准。而人类本身的复杂性，包括其社会、文化、政治及心理因素，都要求环境艺术设计必须“强调人在场所中的体验，强调普通人在普通环境中的活动，强调场所的物理特性、人的活动，以及含义的三位一体的整体性”。因此设计师必须掌握人体工程学、环境心理学等方面的知识，深入研究人的生理、心理、行为特点对空间环境的要求，并将其作为设计的依据，使环境设计真正做到“以人为本”。

艺术设计与审美要求相协调，是指人体工程学所提供的科学参数及有关感觉的资料，为人的生理、心理创造舒适感、愉悦感，为向审美的转化提供积极的必要的条件。

关于“人体工程学”的含义，目前学术界还没有一致的见解，真可谓仁者见仁，智者见智。国际人类工效学学会（International Ergonomics Association）认为：“人体工程学是一门研究人在某种工作环境中的解剖学、生理学和心理学等方面的各种因素；研究人和机器及环境的相互作用；研究在工作中、家庭生活中和休假时怎样统一考虑工作效率、人的健康、安全和舒适等问题的学科。”而日本学者则认为：“人体工程学是探知人体的工作能力及其极限，从而使人们所从事的工作趋向于适应人体解剖学、生理学、心理学的各种特征。”

虽然“人体工程学”的定义有多种，但其中有一点是非常清楚的，那就是

在高科技的环境下人们更加强调产品的人性化属性。由此，我们也可以认为，“人体工程学”是人类艺术设计和生产向着高级化、人格化和完善化方向发展的产物，是人与技术在高科技时代走向高度统一的必然结果，其基本任务是研究人与产品之间的协调关系，寻找人和产品之间的最佳协调点，为设计提供依据。

（一）人机系统的美感特征

什么是人机系统的美感？人机系统的美感，主要是指将人机系统的美作用到审美主体上而使审美主体产生愉悦和舒展等特殊的心理感受。产业工人都有这样的体验，即当体力、精力处于最佳状态时，操作先进的机器，不但能提高工效，生产出优质产品，而且操作者自身也会感到身体舒适、精神愉快。这种舒适感和愉快感，就是人机系统的美感表现。人机系统的美感之所以是特殊的心理感受，是因为人机系统的人要付出巨大的脑力和体力，这当中就渗透着人的生理因素。

人机系统的美感与一般美感有其共同点，即都是客观美的反映。一般美感是对美的事物的反映，人机系统的美感则是对人机系统美的反映。尽管如此，但是，它们之间也存在着不同点。

首先，人机系统的美感强调人是否具有操作机器的生理承受力。如果人的生理承受力无法满足操作机器的要求，那么就会破坏人与机器之间的调和关系，因而也就失去了人机系统的美，那么人机系统的美感则更谈不上了。

其次，人机系统的功能在于能生产出产品和多生产出产品。而有了产品就要讲效益，即经济效益与社会效益。换言之，就是人机系统的美感具有明显的功利性。一般而言，美感是无功利性的。但人机系统的美感则不仅有功利性，还把功利性置于第一位，也就是说，产品的效益越高，其整个人机系统则越有审美价值。

人机系统的美感特征主要表现在以下三个方面：

1. 视觉和谐

人机系统中的机械设计及其性能，环境选择及其布局要与人的视觉感官剖析特征相统一。我们知道，人的视野是有限的。根据人体测量，人眼可视颜色范围为：白色 180°，黄色 120°，蓝色 100°，红绿色 60°。这也就是说，不同的颜色，其视面是有所变化的。因此，机械的装置，环境的选择，都要满足人的颜色视面的要求。与此同时，人体测量还表明：视野中心超过 50°～60° 为无形区，40°～50° 模糊区，30°～40° 为清晰区。由此，我们的机械设计与装置，应以选择视野中心清晰区为原则。而如果机械设计、环境选择都不在人的视野中心，那就破坏了人机环境的有机统一，就会失去视觉的和谐。正因为如此，人们在机械设计、环境布置时，须严格按照人的视觉规律来进行。否则，就会违背人机系统的审美要求。科学一再验证，人眼识别灵敏性会随着视角的扩大而急剧下降。当视角为 0° 时，识别灵敏性为 1，当视角为 5° 时，识别灵敏性就会下降 1/2。这就要求机械设计要与人的视角相统一。不仅如此，还要处理好机械设计与人眼运动的统一。

人的视觉具有以下五个特征：

第一，眼睛沿水平方向比沿垂直方向运动快，因此，人先看到水平方向的形体，后看到垂直方向的形体。

第二，人的视觉习惯往往是由左到右，从上到下。如观察圆周状的结构，其习惯是沿顺时针方向看。

第三，眼睛作水平方向运动时比作垂直方向运动时会感到轻巧，因为水平方向的尺寸估测比垂直方向的尺寸估测要准。

第四，眼睛偏离视中心观察形体时，在偏离距离相同的情况下，第一象限的观察率最高，第四象限的最低，其顺序依次为：第一象限、第二象限、第三象限、第四象限。

第五，眼睛对直线的感受比对曲线的感受更容易。

因此，艺术设计和环境布置要充分考虑到视觉的这些特点，使机械运动、环境布置满足人的视觉要求，以取得视觉的和谐。这不仅会使劳动者在劳动过程中减轻疲劳、提高生产效率，还会使劳动者在劳动过程中由于视觉和谐而获得愉悦。

2. 听觉协调

艺术设计及性能，环境选择与布局，要与人的听觉相统一。一个人的听觉器官接受声响的承受力是有限度的。调查材料表明：如果劳动者经常在 90 分贝以上的噪声条件下工作，每天以 8 小时计算，10 年以后约有 10% 的人会出现持久性的听力损伤。这是因为，噪声通过固体、液体或气体传导，就会在音频范围内随机振荡发出声响，如空气动力噪声、机械噪声、电磁噪声等。人们在生活和工作中，最厌烦的就是噪声。当噪声超过听觉时，即噪声强度超过了 135 ～ 140 分贝时，就会使人心烦意乱，肌肉收缩，体力大量消耗，引起心境、情绪、毅力的异常反应，严重时还会使人陷入难以控制的疲劳状态。在这种情况下，听觉失去了协调，从而进一步损害人体健康，劳动生产率也因之下降。

人机系统中的听觉协调，乃是人机系统美感的重要体现。凡是在听觉协调条件下劳动的人都可获得劳动的审美愉悦。这种审美愉悦产生的原因是多方面的：首先是精神舒畅，因为劳动条件与精力承受保持了平衡；其次是身体舒展，因为体力与劳动条件保持了一致；最后是由于劳动生产率提高了，劳动者享受到了自己劳动成果的喜悦等。在科学技术飞速发展的今天，促使听觉协调，不断地克服噪声，为劳动者创造良好的劳动条件，已是人机系统美学的一种重要的技术要求。它不仅是保护劳动者身心健康，提高劳动生产率的要求，还也是劳动者在劳动中审美的一项要求。所以，国内外先进的企业家为克服噪声对劳动者心理和生理的消极影响，都采取了科学的措施，把噪声降低到最低程度，积极创造条件，促使听觉协调，获取更多的美感。

3. 触觉平衡

人机系统的美感除了要求视觉和谐、听觉协调外，还要求触觉平衡。所谓触觉平衡主要是指人机系统中的机械设置与人的体力付出相平衡，环境布局中的照明、温度、色彩与人的劳动需求相适应，这两方面的平衡一旦实现，就会使劳动者精力充沛，体力旺盛，坚持劳动并多出劳动成果。反之，则破坏了触觉平衡，这不仅会影响劳动者的身心健康，使劳动生产率下降，还会使劳动者失去劳动的兴趣，从而产生精神上的负担。

触觉平衡首先表现在人与机的关系上，即机械操作所需的力与操作者所能承受的力的协调，亦即人机之间力的平衡。当机械操作所需的力适应于操作者在规定时间内完全可支付的体力时，操作者就会感到力所能及，并在操作过程中得心应手，自然而然地就会在劳动中获得快感。但是，当机械操作所需的力超过了操作者的承受力时，劳动者的身心反而会受到不同程度的损害。这样，人机关系就完全失去了审美要求。

由上可见，控制器的设计目标是使操作者能在产品使用过程中安全、准确、迅速、舒适地操作。因此，在控制器的设计过程中，设计师应考虑操作者的体形、生理和心理特征，以及人的能力限度，使控制器的形状、大小等都具有宜人性。具体而言，控制器的设计应做如下考虑：

首先，控制器应根据人体测量数据、生物力学，以及人体运动特征进行设计。控制器的操纵力、操纵速度、安装位置、排列布置等，都应适于大多数人的使用。对于要求快速而准确的操作，控制器应设计成用手指或手操纵的样式，如按钮、按键、手闸、杠杆键、拨动或摆式控制器等；对于用力较大的操作，控制器则应设计成用手臂或下肢操纵的样式。

其次，控制器的运动方向应与预期的功能和产品的被控方向相一致，即显示与控制应相吻合。例如，控制器向上扳动或顺时针方向转动，从功能角度看，应表示向上（按通）或加强；从机器设备被控角度看，应表示机器设备向上运动或向右转动。当产品运行为上下直线运动时，控制器也应作上下直线运动；当产品转圈时，控制器宜采用手轮，如汽车转弯时，应采用圆形方向盘。

再次，应尽量利用控制器的结构特点，如弹簧、杠杆原理等，或利用操作者身体部位的重力来进行设计。对于连续性或重复性的操作，控制器应使身体用力均匀，而不应使身体只集中于某一部位用力，以减轻操作者的疲劳和避免产生单调厌倦感。

最后，要使人机系统的美感得到充分体现，就要使人机系统中人的条件和技术条件相统一，把恶劣的劳动环境对人的神经系统、工作能力的消极影响降到最低限度。机械设计、安装和使用，以及环境布置，都要满足人的心理和生理的需要，要为劳动者创造最佳的劳动环境，使人机系统工作的安全性和可靠性达到最大值。具体来说，就是在工作中将信息编排与传递趋于合理，使劳动者易于接受。同时，要不断改善接受和加工信息的条件，简化感觉的运动过程。这也就是说，要解决好人机工程学与美学相关的问题，解决好颜色、光线、声音和气味的审美属性与人的心理、生理相统一的问题。只要做到这一步，就能使人机系统中的美感得以充分体现。

（二）人机系统中心理因素的美学效果

人机系统中的核心是人，因为人制造了机器，美化了环境。机器为人所用，环境满足人所需。而只要机械设计、环境创造与人的心理愉悦相一致，就会产生相应的美学效果。

1. 情绪与工效

情绪是指客观事物满足人的需要所产生的一种心理体验。它是人的情感初始阶段，以心境、激情、反应的形态表现出来。其中，每一种形态都有积极和消极之分，因此，情绪可分为积极情绪和消极情绪。工效是工作效率，即在一定的劳动时间内，在保证产品质量的前提下所完成的产品定额。功效有高低之分。所谓高功效，是指在一定时间内完成或超额完成生产定额；反之则为低功效。人机系统中，劳动者的情绪与工效有着密切的联系。情绪是受客观事物和条件制约的：当客观事物和条件能满足人的需要，而人在心理上取得协调时，其情绪就饱满，即产生积极情绪；反之，则产生消极情绪。在人机系统中，要求人的情绪积极而稳定。只有这样，才能保证人机系统各组成部分始终处于统一状态。

积极而稳定的情绪可以提高工效。据心理学家在产业工人中的调查可知：劳动者的情绪处于积极、稳定的状态时，其工作效率能够在限额起点上升。例如，某工厂车间采光不合理，对此，其进行了改进，增加了光线的照明度，这不仅克服了劳动者的不愉快情绪，还使工作效率因此提高了 5% ～ 10%。而如果劳动者的情绪处于消极状态，那么其工作效率就会低于限额，并且产品的质量差，事故也多。因此，人机系统中，要采取有效措施，使劳动者长久保持愉快的情绪。

2. 兴趣与工效

兴趣是人们在社会活动中积极探索研究某种事物或某种活动的心理倾向。兴趣不是无缘无故产生的，而是客体作用于主体引起的心理反应。这种反应因其划分标准不同，所以有不同的分类：根据主体的需要，分为直接兴趣和间接兴趣；根据其自身的内容，它可分为物质兴趣和精神兴趣；根据其持久性，它可分为暂时兴趣和稳定兴趣等。人机系统处于高度和谐时必能给劳动者以极大的审美兴趣。这种兴趣必须是稳定的，同时必须是长时间起作用的。它既是人机系统中人的直接或间接的需要，又是长时间地满足审美主体的需要。这是因为，它不仅可以满足人机系统中的需要，还能够使人长时间地保持愉悦。

人机系统中，审美兴趣具有客观性。这种客观性，即当客观条件与人机系统中的人处于平衡时，就能使人的心理产生兴趣。当然，这种条件，人可按照其规律去创造，并促使它与人处于平衡状态。这种产生于平衡中的兴趣，实际上就是反映与被反映的结果。而那种认为兴趣是纯主观的观点，是没有多大根据的。人机系统中，审美兴趣的作用十分重要又非常明显。劳动者在生产过程中，一旦产生了这种兴趣，便可提高工作效率。这种兴趣既可促进劳动者树立正确的态度，又可使劳动者保质保量地按期完成生产任务。例如，某造纸厂通过增加部分投入，改善了劳动条件，再经过劳动优化组合，很快就调动了其职工的积极性，其职工的出勤率达 97%，并每月都完成了生产任务，这给企业带来了生机。

3. 意志与工效

意志是人机系统中产生美学效果的一个重要心理因素，是人们为达到既定目的而自觉努力的心理状态。在改造客观世界的活动中，人们都可能运用其意志，而每个人的意志强弱不同，强意志对完成重大而困难的任务往往起着巨大的作用。可以说，强意志是克服困难、完成任务的一种内在动力。意志是人所独有的。人们无论从事何种工作，都是有目的的，即都是根据活动计划和社会需要，不断地创造条件，克服困难，实现预定的目的。例如，完成一项对国民经济有重大意义的科研项目，除了要具备个人的知识技能和研究能力外，还需要有吃苦耐劳的精神和坚持不懈的努力。一个人特别是在那种任务很重而又违背自己兴趣的情况下，能够克服难以想象的困难，完成必须完成的任务，这无疑是意志坚强的突出表现。由此可见，意志有三个方面的特征：一是有目的的心理现象；二是与克服困难，争取成功相联系的心理活动；三是以随意行动为基础的心理取向。这也就是说，人们要完成某项任务时总是受意志的控制，而不纯粹是自主的。

意志在人机系统中是不可缺少的因素，它是比兴趣更深层的心理现象的反映。人机系统中，人的意志坚强，便可克服困难，改造和革新设备，调整和改善劳动环境，创造条件，提高工效。据五个并转企业的调查显示，在并转以前他们都亏损严重，濒于破产。然而，造成这种现象的原因就是企业管理混乱，设备陈旧，年久失修，环境恶劣，“三废”严重。这严重地影响了职工的身体健康和劳动的积极性。当这些企业并转以后，加强了科学管理，更新了一些设备，改善了工人的劳动条件，这使劳动者的积极性得到了提高并增强了其克服困难与完成生产任务的信心。在这种状况下，企业的面貌很快就焕然一新。其中，三个企业 6 个月内扭亏为盈，其余两个企业也在 6 个月以后相继摆脱了亏损被动的局面。

人机系统中强调意志的作用时要以物质条件为基础。这种物质条件首先是劳动者自身的素质，包括身体健康状况、劳动态度、技术水平等。其次是较好的设备条件和环境。虽然我们应强调人的因素，但也不能离开上述条件。我们所言的人机系统中的意志，乃是指一定物质条件下劳动者的意志。如果离开了一定的物质条件讲意志，就有可能陷入片面的“唯意志论”。人机系统中强调意志的作用，除了要以物质条件为基础外，还要善于调整人机系统中的矛盾，促进意志的稳定与加强。人机系统中的人机环境经常处于矛盾状态，企业的领导者与管理者要善于发现矛盾，正确地调整、处理矛盾，使劳动者的心理状态，特别是意志状态与机械、环境相和谐。这不仅可以提高工效，还可以满足劳动者的审美需要。而只有满足了劳动者的这些需求，才能获得人机系统中的美感效果。

（三）人机系统中生理因素的美学效果

人机系统中除了研究心理因素的美学效果外，还要研究生理因素是如何产生美学效果的。按照人体工程学的观点，人体的生理结构决定着人类感知外界事物的方式、方法和习惯，也决定着与之相一致的审美价值观。也就是说，当人的生理机能成为衡量产品好坏的标准，并贯穿于艺术设计过程时，人体的生理结构也决定着产品外在形式向人靠拢的人性化特点。人体工程学的一些基本原理是实现人性化设计的重要基础，因为依据这些原理设计出来的工业品由于具有浓郁的人性化特点，因而深受消费者的喜爱，而这些原理很快就会渗透到各个领域的设计活动之中。而劳动者在劳动过程中，如何付出最低的体力和脑力，并保证其肌体功能处于最佳状态呢？如果这个问题解决了，就可以成倍地提高劳动生产率。

1. 肌体运动与神经控制的和谐

肌体运动是人体内各部分组织的活动。人们产生兴奋与抑制，总是受脑、脊髓和身体各部分纤维或纤维束的制约，即受神经系统的控制。人过于兴奋或过于抑制，都是一种失去生理控制的表现。劳动者在操作机器进行劳动时，付出的体力和脑力要在神经控制范围之内。人付出的体力和脑力过低，就没有工作效率，而过高则会引起疲劳。如果身体各部分超负荷活动，代谢产物（如乳酸）积聚过多，能量物质储备耗尽，那么劳动者工作能力就会降低，甚至会暂时丧失工作能力。这种现象其实就是在一定时间内体力和脑力付出过多，神经失去控制而形成的过度疲劳。因此，肌体活动要在神经控制限度的范围内活动。只有这样，才能保证劳动者正常的体力和脑力的消耗，才能使劳动者始终保持适度的兴趣，保持一定的工作效率。

人体机能测量和生理实验室试验表明，机械设计与装置要满足劳动者的两个要求。一是机械设计与装置要为劳动者创造最好的劳动条件。如果机械设计与装置忽略了这一点，迫使劳动者在不舒适的劳动姿势下进行劳动，那么这不仅会加速引起劳动者的疲劳，还会损伤劳动者的生理机能，如破坏正常的血液循环，肌肉活动不均，超负荷部分损坏等。这样，劳动者的工作级力和工作效率就降低了。这充分说明机械设计要与操作者人体机能的生理数据相一致。例如，拉动驾驶室操作杆的力量，以 3 千克为最佳选择。试验表明，启动这种操作装置，每分钟拉 6 次杠杆，工作 4 个小时，劳动者的工作状态处于正常。而如果拉动杠杆的力量增加到 6 千克，劳动者工作 30 分钟就会感到疲劳，乃至于力不能支。二是环境条件也会满足劳动者的生理要求。美好的环境能引起劳动者的审美愉悦，减少精神疲劳，提高劳动积极性。因此，厂房要装置合理的照明，消除与减少噪声，控制机械振动频率。而如果频率都在 35 赫兹以上，就会造成劳动者患振动病。此外，还要保持良好的通风与正常的温度等。否则，肌体运动和神经控制就难以得到和谐，因而也就不可能创造人机系统中的美感，当然也就不可能提高工效了。

2. 劳动强度与疲劳恢复的协调

劳动强度是指劳动紧张的程度，也就是在单位时间内劳动力的消耗。劳动力消耗越多，劳动强度则越大。疲劳就是体力劳动或脑力劳动达到或超过限度的生理反应。疲劳分为生理性疲劳和过度性疲劳。生理性疲劳经过一定的休息后就可恢复，而过度性疲劳即使休息了恢复也很慢。人机系统中所言的劳动强度与疲劳恢复的协调中的疲劳，主要是指劳动者的生理性疲劳。如果劳动者在生产过程中承受适当的劳动强度，随着时间的推移必然就会产生生理性的疲劳。这种疲劳，当得到合理的休息后就会恢复，并且又能承受合理的劳动强度。这是正常的劳动强度与疲劳恢复，换句话说劳动强度与疲劳恢复是协调的。这种协调不仅能使劳动者在生产过程中始终感到轻松、愉快、精力充沛，还能使劳动者从生理机能上稳定正常工效，保证生产任务的顺利完成。在生产组织和劳动管理中，如果忽视劳动强度与疲劳恢复的协调，就会产生与前面情况相反的效果。劳动者在生产过程中承受超负荷的劳动强度，就会难以承受体力和脑力的消耗，从而引起过度性疲劳。这种疲劳日积月累，就会积劳成疾，使人失去劳动的机能。这样，劳动者就会把劳动看成沉重的负担，失去了完成生产任务的信心，也无法保证基本的劳动工效。

3. 辛勤劳动与成功把握的统一

人机系统中，人与机械，人与环境的关系其中很重要的一点是付出的劳动与获得的成功的关系。劳动者在生产过程中要消耗体力和脑力，劳动成果的取得需要流大汗，出大力气。而只有付出劳动后，才能换取丰硕的果实。只有当劳动者获得丰硕的劳动成果时，才能领悟到自己辛勤劳动的真正意义。人机系统的美学效果，要充分考虑到辛勤劳动与成功把握的辩证关系。在机械设计、环境布局、任务分配上，都要体现辛勤劳动与成功把握相统一的观点。这样，就会使劳动者发扬主人翁的精神，始终保持充沛的精力，克服困难，定额或超额完成生产任务。而那种只强调成功率，忽视取得成功的主客观条件的想法和做法，显然是错误的、有害的。对于一个企业来说，如果它在生产上片面追求高指标、高速度，即使劳动者辛勤劳动也完不成任务，实现不了企业的目的，这就必然会挫伤劳动者的积极性，直至破坏生产力。因此，企业在下达生产任务、规定生产指标时，首先要考虑其技术力量和设备能力是否经过努力可以完成。在生产过程中，企业要不断地调整人与机器、人与环境、人与原材料之间的矛盾，促使人的生理因素处于正常状态，使人机系统中人与物的潜能得到充分发挥。

二、环境心理学

人类一直在探索自身与周围环境的关系。正是在代代相传的探索与思考过程中，人类不断解释环境，解释自己，同时也不断利用和改造环境，维持和改善自己的生存条件。在这一过程，人际交往、人与环境之间的相互作用，都直接影响着人所处的环境，也影响着人类自身。

20 世纪 50—60 年代，西方国家的城市环境严重恶化，对居民的身心和行为产生了各种消极影响；同时不少新建筑因无视使用者的行为要求，导致了社区崩溃，建筑拆毁，居民抗议等严重后果，并遭到了社会的严厉批评。由此，建筑环境与行为的关系引起了多学科研究者的关注，最终使得汇集社会学、人类学、地理学、建筑学、城市规划等多学科的新兴交叉学科——环境心理学应运而生。

（一）环境心理学的含义

环境心理学是研究环境与人的行为之间相互关系的学科，它包括那些以利用和促进此过程为目的并提升环境设计品质的研究和实践。对应这个定义，环境心理学有两个目标：一是了解“人—环境”的相互作用；二是利用这些知识来解决复杂和多样的环境问题。它着重从心理学和行为的角度，探讨人与环境的最优化，即怎样的环境是最符合人们心愿的。

环境心理学非常重视生活于人工环境中人们的心理倾向，把选择环境与创建环境相结合，着重研究下列问题：

第一，环境和行为的关系；

第二，怎样进行环境的认知；

第三，对环境和空间的利用；

第四，怎样感知和评价环境；

第五，建成环境中人的行为和感觉。

（二）室内外环境中人们的心理与行为

人在室内外环境中，其心理与行为尽管有个体之间的差异，但从总体上分析仍然具有共性，仍然具有以相同或类似的方式作出反应的特点，这也正是我们进行设计的基础。

1. 人的基本需求

美国心理学家马斯洛在《人类动机的理论》一书中提出了著名的人的需求层次理论。他把人的需要分成若干层次，从低级到高级分别为：生理的需要、安全的需要、相互关系和爱的需要、尊重的需要、自我实现的需要、学习与审美的需要。

对同一环境场所而言，由于人群年龄、性别、健康程度、经济文化状况、社会地位、生活方式、宗教信仰，以及在环境中从事的活动不同，对环境艺术设计既有普遍的、一般性要求（生理要求），又有个别的、特殊的要求（心理要求）。生理要求包括环境的日照、自然采光和人工照明、室内环境的保温隔热、通风、隔声等；心理需求包括私密性、个人空间、领域、交往等方面。

2. 空间使用方式

空间使用方式直接反映了人们在室内外环境中的心理与行为特点，表现为人使用空间的固有方式。个人空间、私密性和领域性是空间使用方式研究的基本内容。

（1）个人空间与人际距离

个人空间是指存在于个体周围的最小空间范围，研究者将其形象地比喻为围绕着人体的看不见的气泡，这个气泡跟随人体的移动而移动，依据个人所意识到的不同情境而胀缩，是人在心理上所需要的最小空间，他人对这一空间的侵犯与干扰会引起个人的焦虑与不安。

影响个人空间的主要因素有：①个人因素，如年龄、性别、文化、社会地位等；②人际因素，如人与人之间的亲密程度；③环境因素，如活动性质、场所的私密性等。

人们在特定环境中对个人空间的需求直接影响了人际交往的空间距离，而人际距离又决定了在相互交往时何种渠道可以成为最主要的交往方式。人类学家霍尔在以美国西北部中产阶级为对象进行研究的基础上，将人际距离概括为四种。

密切距离：0 ～ 50cm。小于个人空间，触觉和耳语成为主要交往方式，适合抚爱和安慰，或者摔跤和格斗。在公共场所与陌生人处于这一距离时会感到严重不安。

个人距离：50 ～ 130cm。与个人空间基本一致。处于该距离范围内，能提供详细的信息反馈，谈话声音适中，言语交往多于触觉，适用于亲属、师生、密友握手言欢，促膝谈心，或日常熟人之间的交谈。

社会距离：1.3 ～ 4m。这一距离常用于非个人的事务性接触，如同事之间商量工作。远距离还起着互不干扰的作用，观察发现，即使熟人在这一距离出现，坐着工作的人不打招呼继续工作也不为失礼。反之，若小于这一距离，即使陌生人出现，坐着工作的人也不得不打招呼问询。这一点对于室内设计和家具布置很有参考价值。

公众距离：4m 以上的距离。这是讲演者、演员和听众正规接触的距离。此时无视觉细部可见，需要提高声音，甚至采用肢体语言辅助语言表达。

每类距离中，根据不同的行为性质再分为接近相与远方相。例如，在密切距离中，亲密、对对方有可嗅觉和辐射热感觉为接近相；可与对方接触握手为远方相。当然对于不同民族、宗教信仰、性别、职业和文化程度等因素，人际距离也会有所不同。

（2）私密性

私密性可以概括为行为倾向和心理状态两个方面：退缩和信息控制。退缩包括个人独处、与他人亲密相处或隔绝来自环境的视觉和听觉干扰。信息控制包括匿名、保留隐私权、不愿多交往等。由此可见，私密性并非仅仅指离群索居，而是指对生活方式和交往方式的选择和控制。

私密性对个人生活和社会生活都起着重要作用，其关键在于为使用者提供了控制感和选择性，这就要求物质环境从空间的大小、边界的封闭与开放等方面，为人们的离合聚散提供不同的层次和多种灵活机动的特性。例如，在住宅设计中，既要考虑一家人团聚所需的公共空间，又要尽可能地为每个成员提供只属于自己的私人空间；住宅户外空间也要保持一定的私密性，通过一定程度的限定可以让住户对户外环境更有控制感和安全感。再比如，景观型办公室虽然能使办公空间更具艺术美感，有利于加强员工之间的联系，但却存在噪声干扰和缺乏私密性的问题，因此在设计时可以采用吸声装修材料、铺地毯、隔离有噪声的设备等措施控制噪声，还可以设置少量私密性小空间，供少数人讨论交谈使用。

（3）领域性

领域性是个人或群体为满足某种需要，拥有或占用一个场所或一个区域，并对其加以人格化和进行防卫的行为模式。该场所或区域就是拥有或占用的个人或群体的领域。随着个人需要层次的增加，如生存需要、安全需要、社交需要、尊重需要、自我实现需要等，领域的特征和范围也不同，如一个座位、一个角落、一个房间、一套住宅、一组建筑物、一片土地等，随着拥有和占用程度的不同，个人或群体对它的控制，即人格化与防卫的程度也明显不同。领域这个概念不同于个人空间，个人空间是一个随身体移动的看不见的气泡，而领域无论大小，都是一个静止的、可见的物质空间。

领域有助于私密性的形成和控制感的建立。生活在具有丰富私密性—公共性层次的环境中，会令人感到舒适而自然，既可以选择不同的交往方式，又可以躲避不必要的应激。美国建筑师纽曼研究城市住宅区犯罪问题时发现高层住宅区犯罪率高于低层住宅区的原因在于，低层住宅区由于分组明确，居民较频繁地使用门前的半公共领域（休息、停车、游戏），彼此容易熟悉，因而也便于共同担负起管理和监视环境的责任。而高层住宅居民感到户外空间与己无关，结果“鸡犬之声相闻，老死不相往来”，从而给犯罪分子以可乘之机。由此纽曼提出了著名的“可防卫空间”设计原则，这对居住环境的设计产生了重要作用。

个人空间、私密性和领域性直接影响着人的拥挤感、控制感和安全感，反映在行为上就会表现为尽端趋向、寻求依托等。

特点：在入住集体宿舍时，先进入宿舍的人，往往会挑选在房间尽端的床铺；就餐人挑选餐桌座位时往往首选餐厅中靠墙的卡座，而不愿意选择近门处及人流通过频繁处的座位；在广场、公园等开放空间中人们大多会选择在背后有依托、前方视野开阔的地方停留，而设置于空旷场地中心的座位往往少有问津。这些行为和心理特点对环境设计中空间层次的划分、空间的使用效率、休息设施的分布等都有指导意义。

（三）环境心理学在环境艺术设计中的应用

1. 设计需要符合人们的行为特性和心理特征

环境艺术设计是为人服务的，而人是活动的、多样化的，不同社会文化背景、经济地位、年龄、性别、职业的使用者的行为模式和心理特征不同。了解使用者在特定环境中的行为与心理特征，可以避免设计者只凭经验和主观意志进行设计，从而使设计建立在科学的基础上。例如，国外许多外部空间设计都采用三角形作为道路规划设计的母题，既满足了人们抄近路的习性，又创造了更丰富多样的环境。再比如在博物馆室内设计时应根据大多数参观者逆时针转向的特点，合理布置展品，引导人流。

2. 认知环境和心理行为模式对组织室内外空间的提示

在认知环境中结合上述心理行为模式对环境艺术设计中空间的组织可起到某种提示作用。

首先是空间的秩序。空间的秩序是指人的行为在时间上的规律性或倾向性。这一现象在环境中是非常明显的。例如，火车站前广场的人数每天随着列车运行的时间表而呈周期性的增加或减少。掌握这些规律对于设计者合理安排环境场所的各种功能，提高环境的使用效率很有帮助。

其次是空间的流动，即是指人在环境空间中从某一点到另一点的位置移动。

在日常生活中，人们为了一定的目的做从一个空间到另一个空间的运动，都具有明显的规律性和倾向性。人在空间中的流动量和流动模式是确定环境空间的规模及其相互关系的重要依据。

最后是空间的分布，是指在某个时间段人们在空间中的分布状况。经过观察可以发现人们在环境空间中的分布是有一定规律的。有人将人们在环境空间中的分布归纳为聚块、随意和扩散三种。人们的行为与空间之间存在着十分密切的关系和特性，以及固有的规律和秩序，而从这些特性能看出社会制度、风俗、城市形态及建筑空间构成因素的影响。将这些规律和秩序一般化，就能够建立行为模式，设计者可以根据这一行为模式进行方案设计，并对设计方案进行比较、研究和评价，真正做到“场所或景观不是让人参观的，而是供人使用、让人成为其中的一部分”。反之，只关注形式而忽视环境主体的设计只能是失败的设计。例如，20 世纪 80 年代中期大连五四广场上布置了花架、灌木、乔木和向心布置的坐椅，限定出不同领域层次的活动交往的空间，吸引市民们聚在一起唱京戏、打扑克、聊大天、带儿孙、找熟人、结新友等，乐此不疲；20 世纪 90 年代对广场进行了改建，铺地以硬质磨光花岗石为主，草地为辅，广场白天是马路对面银行的前奏和陪衬，入夜则是中年人的舞场，由于滑溜溜和亮光光的花岗石硬质铺地完全不符合老人与儿童的安全要求，且缺少座椅和遮阳的树木，当年人们“围圈扎堆”的活动场面已不复存在。

第二节　环境艺术设计的美学规律

在环境艺术设计中所强调的美，既包括形式又包括内容，是内容与形式的有机统一。黑格尔在《美学》第一卷中说：“美的要素分为两种：一种是内在的，即内容；另一种是外在的，即内容借以现出意蕴和特征的东西。”环境艺术美学规律是人类在长期创造美的生活实践中所积累的有关形式之美的经验。它既是一种审美体验与审美思维，又是指导人们创造美的形式规律。

一、变化与统一

变化与统一是人们认识事物发展的客观规律，也是艺术设计美学法则中的一个重要规律。变化是寻找各部分之间的差异、区别，统一是寻求它们之间的内在联系、共同点或共有特征。

在环境艺术设计中，应遵循在统一中求变化，在变化中求统一的原则，做到“统而丰富、变却不乱”。这样，既保持了整体统一性又有了适度的变化。

如果只有统一而没有变化，就会失去情趣，易于死板单调，缺少生命力与感染力，而且统一的美感也不会持久。变化是一种源泉，但要有度，否则就会无主题，视觉效果杂乱无章，缺乏和谐与秩序。

环境艺术设计的变化与统一，是环境的活力与有序发展的统一，也是设计美学的规范与要求。例如，内容上的主次，结构的繁简，形体的大小、方圆，色彩的明暗、冷暖、浓淡，技法处理上的强弱等，他们互为关系，彼此相争，形成动静结合，变化统一的美感效果。既然如此，那么在环境艺术设计中如何处理变化与统一这两者的关系呢?

首先，二者必须要有很好地结合，既要有变化，又要有统一，而变化不能任意进行变化，变化要注意整体的统一性，否则就会出现环境的凌乱，表达不出设计者所要阐明的核心内容。

其次，二者还要密切地相互结合，让环境具有独特的设计内涵和风格，同时又不破坏环境的统一性，使环境既具有很好的实用性又有美学的欣赏价值，因为只有这样，环境才能更好更快地被大众所接受，也只有这样，才能达到设计者的设计目的。

最后，统一也要更好地与变化相协调。既要统领着环境的主流趋向，又不能忽略环境的细节变化，这样才能达到变化与统一的合理性。也只有如此，环境才能被大众所认可。如果要更好地掌握变化与统一的尺度，我们还需要在艺术设计的过程中细心体会，根据不同的环境需要进行合理的安排。

变化与统一规律广泛运用于环境艺术设计之中。变化与统一的元素有很多，比如造型的变化与统一、功能的变化与统一、材质的变化与统一、色彩的变化与统一、图案的变化与统一等。总之，在相同元素的条件下，应该注入变化的因子，合理地配置变化与统一的比例关系。比如，对于造型各异的环境，可以加入相同的色彩或材质进行衔接，使变化中融入统一。

环境艺术设计的变化与统一规律不仅仅是从装饰目的出发，有的时候也可基于对环境功能的考虑。但这种情况下的变化与统一，需要打破常规思维定式，从而进行创造性设计，这样才更具有美学吸引力与现实意义。

变化与统一是艺术设计美学中的一对矛盾体，它们处于辩证关系之中：在统一中求变化，在变化中求统一，对立统一、互为依存、缺一不可。换言之，二者既是对立的，又是相辅相成的。在艺术设计中，应遵循统一为主、变化为辅的原则，既保持整体形态的统一性，又有适度的变化。否则，过度的统一易于形成死板，过度的变化则会显得杂乱花哨。只有适当变化，而又整体统一的设计才是美的。

二、对比

对比又称对照，它是与平衡、调和、静态相对的某种物像的对照、比较研究。对比在环境艺术设计美学规律中所塑造的视觉反差是其他规律所无法相比的。对比运用越强，造成的视觉冲击力就越强。视觉冲击力越强则变化就越丰富，主题变化与多样性越鲜明，同时作品也就越活跃。

对比的表现方式有很多，具体而言，主要有以下七种：

（一）视觉元素大小的对比

设计中，大小的对比主要指点、线、面的构成或处理方式。无论是点、线，还是面、体，当“大”的元素与“小”的元素并置时，就会体现出不同的视觉差异与冲击效果；当大与小在“量”上发生强烈变化时，更能突出主体，强调重点，使主次分明、诉求明确。

（二）视觉元素形状的对比

在设计中，构成抽象的线、面、体或空间，常为不同的形状。形状的不同，视觉效应也会有差异。因此，在形状中，几何形、有机形、直线的形、曲线的形都可相互产生对比关系。近似形与非近似形的对比是完全不同的：当形状的对比通过非近似形加以比较时，还应该注意变化中求统一的原则，否则会顾此失彼、因小失大。在以直线为主的设计中，常常可以运用一些曲线来突出重点，这样就可以取得活泼愉快的效果。在面、体或空间的处理上，形状差别较大时，对比愈强烈，而差别不明显时，就会制造一种调和效果。

（三）视觉元素方向的对比

方向的对比表现为横与纵、斜与正、高与低、顺向与逆向、分散与集中等方面。其中，既可以表现为规则方向的对比，又可以表现为不规则方向的对比。规则方向的对比给人以清晰明快的视觉感受，不规则方向的对比则给人以不确定性与凌乱的秩序美。因此，每种位置方式与艺术规律都会产生不同的感染力与心理感受。

方向的对比如果运用得恰到好处，则可以收到画龙点睛的效果。同样的椅子，如果在椅子腿的方向上做点改变，那么在不影响整体的情况下，还会获得意想不到的效果。

（四）视觉元素虚实的对比

“虚”与“实”是通过调整一种视觉的模糊与清晰状态或心理与生理方面

而产生的感官反应。我们不可将其模糊地理解为"空"与"满"或"无"与"有"。"虚"可以表现为虚的点、线、面或环境的镂空及透明部分，也可以通过色彩、材质或格局等方面的处理手法达到模糊、通透、轻巧的视觉效果。而"实"则恰恰与"虚"相对应，也较易表达。"实"给人以真实、清晰、厚实、沉重、封闭的视觉感受。运用虚实对比，或以虚为主，或以实为主，或虚实相生，可以达到变化丰富、轻重徐弛、主次分明的艺术效果。

（五）视觉元素色彩的对比

视觉元素间色彩的对比主要为色相、色彩的纯度与明度、色彩的浓淡与冷暖等关系的对比。它既可以表现为同类色彩间的差异对比，也可以表现为不同种类色彩感觉之间的对比。无论是从哪一个角度出发，只要差异拉大或比较明显，就能产生视觉对比效果。色彩的对比优点在于视觉效果清晰明朗，冲击力度加大，受众效应夸张有效。

（六）视觉元素质感的对比

在设计和造物的材质或质感效果表现方面，不同的质感对比、不同的肌理感觉所传达的视觉感受会有明显的差异。质感对比多产生粗犷与细腻、粗糙与光滑、坚实与柔软的外在感受，以及通透、纹理的凹凸感等不同的质感效果。同类或相近材质的表达会有近似的视觉艺术效果，而不同类材质的搭配就会更易形成质感对比。质感对比根据生成要素可分为两种形式：一种是自然质感对比，另一种是仿生质感对比，前者古朴天然、朴实无华，后者则体现了高智能的仿生技术，带来了前卫、时尚的特征。在艺术设计实践中，质感对比主要表现为材料的合理搭配与恰当应用。随着现代科技的发展，各种新材料和新工艺频频问世，给质感对比达到理想效果创造了广阔空间。

（七）视觉元素光影的对比

设计物体或面的起伏变化，以及各种附属件的光影效果，与设计物之间会产生微妙的"形"与"影"的对比关系。由于光影效果是很好且有效的设计表达方式，所以设计师应在艺术设计中加以重视和安排处理，甚至可以单独在光影上做文章。各种环境的凸凹变化、曲直转折会产生很多光影对比效果，使得环境丰富生动，给人的视觉带来流动和间歇。

对比与调和在设计实践中是一对矛盾的统一体，二者既相互对立又相互转化。运用时，应注意对元素间度与量的掌握，有对比才会使统一中有变化，有调和才能在变化中求得统一。在具体的艺术设计实践中，关键是把握住物像同物像之间微妙的联系和差异程度。物像与物像之间差异越大，对比方式就越强；反之，则对比方式越弱，但调和方式却越明显。因此，对比与调和是在同一属性的元素之间研讨其共性与差异，研究统一中求变化的有效方式，是在相同的物像中产生不同的个性特征，达到变化与统一的一种手段。

三、对称与均衡

所谓对称，是指轴两侧的形态相同或相似。对称是自然界物体的属性，是保持物体外观量感均衡，以达到形式上稳定的一种法则。在自然界中，对称现象随处可见，如人类形体就是优美的左右对称的典型，而植物叶脉、动物身体等都是对称规律的代表。对称形式能产生庄重、严肃、大方、整齐、典雅、安全的效果，能取得较好的视觉平衡，形成一种美的秩序感，给人以静态美、条理美的感觉，符合人们的视觉习惯。

对称既是自然物体的属性，又是传统造型的一种法则。它是人类发现并应用的最早的艺术法则。从先人留下的大量建筑作品、雕塑作品、民间工艺品、服饰、炊煮用具、家具、工具、运输与承载用的各种车辆，以及陶瓷等日用品中我们都可以看出先人在造物时有意识或无意识地遵循着对称这一美学法则。

对称的形态多种多样，有左右对称、上下对称、前后对称、点对称、对角对称、中心对称等多种形式。根据视觉元素的总体物态特征，可将对称分为静态对称与动态对称两种形式。其中，左右对称、上下对称、对角对称等均可称为静态对称；而点对称中的球心对称、放射对称、旋转对称等均可称为动态对称。根据设计事物的体量关系，又可将对称分为平面对称和实体对称两种形式。

“均衡”是相对等量或不等量的一种平衡状态，是根据视觉元素形象的、大小、轻重、色彩及材质的分布作用于视觉判断的一种平衡。均衡的状态好比秤一样，一端是实物，一端是砝码，砝码虽小却能维持彼此的平衡。自然界中的许多形式都是均衡稳定的，如果其违反了均衡法则，就会令人不安，也就不可能产生美感。具体而言，均衡是指形态的一部分与另一部分的实际重量或心理量感，被一个支点支撑时所达到力的对等的一种稳定状态。均衡并不是物理上的平衡，而是视觉上的平衡。均衡的形态设计会让人产生视觉与心理上的完美、宁静、和谐之感。均衡是现代环境艺术设计常用的一种行之有效的表现形式。运用均衡的手法处理造型将会产生丰富、生动、活泼、富于变化的视觉效果。在体量的组合中，为获得均衡感，可在设计时采用上小下大、上虚下实、上精细下粗糙的手法。

一般而言，对称的东西是均衡的。但是，有时候却可打破这种观念，用不对称的形式来维系均衡。不对称形式的均衡虽然因其相互之间的制约关系而不像对称形式那样明显、严格，但要保持均衡本身也就是一种制约关系。与对称形式的均衡相比较，不对称形式的均衡则显然要轻巧活泼得多。

对称与均衡在环境艺术设计中互为补充，即在整体均衡中可保持局部对称，在整体对称中也可保持局部均衡。因此，对称与均衡是环境艺术设计中应用最多的规律之一。

四、节奏与韵律

节奏与韵律同属于音乐中的词汇。节奏一词源于生活，赋予音乐，原指音乐中交替出现的有规律的强弱、长短节拍，表示乐音的高下缓急、强弱快慢。

在环境艺术设计中，节奏则主要意味着疏密、刚柔、曲直、虚实、浓淡、大小、冷暖等等诸对比关系的配置合拍。具体的节奏形式有重复、渐变和交替等。例如，环境在形状、结构方面表现出的起伏、凹凸、粗细、长短、高低、方圆、肥瘦等方面的有秩序变化；色彩在浓淡、深浅、明暗相间等方面有节奏有规律的设计等。在环境艺术设计中，节奏美不仅体现在形体造型方面，还体现在环境的堆叠存放形式方面。

韵律原指诗歌中的平仄格式和押韵规则。韵律是节奏的变化形式。在环境艺术设计中，虽然不能像音乐那般通过节奏的变化来表现韵律，但是依据视线的移动，也能产生韵律感。环境艺术设计中的韵律，是指一种周期性的律动，有规律的重复，有组织的变化，它在节奏的基础上赋予情调，使节奏具有强弱、起伏、缓急的情调，从而给人以抑扬顿挫之美感及精神上的满足。

节奏与韵律在哲学意义上是密不可分的统一体，是一种生理和心理的需要，是创作与感受的关键，是形式与美感的共同语言。节奏是一种有秩序、有规律的连续变化和运动，它使物体的各个部分相互联系起来，而韵律是在节奏的基础上产生的一种富于感情的节奏表现，它是在有条理的连续重复中相互呼应变化的。由此可见，节奏是韵律的条件，韵律是节奏的深化。

五、比例与尺度

任何环境艺术设计都不能回避比例和尺度的问题。比例是指一件事物整体与局部，以及局部与局部之间的关系，即形态自身各部分间的逻辑关系，是组合要素的重要美学法则之一。造型要素之间只有保持良好的比例关系才能形成美的形态。一切环境艺术都存在比例是否和谐的问题。和谐的比例可以引起人们的美感，使总的组合有明显理想的艺术表现力。人们在长期的生产实践和生活活动中一直运用着比例关系，并以人体自身的尺度为中心，根据自身活动的方便性与舒适性总结出各种尺度标准，体现于衣食住行的各个方面。这些全面考虑“人的因素”的人体结构尺度、人体生理尺度和人的心理尺度等数据已行之有效地运用到了工业设计中并成了人机工程学的重要内容。

比例，简而言之就是“关系的规律”。凡是处于正常状态的物体，各部分的比例关系都是合乎常规的。比例恰当或合乎一定的比例关系，就是一种具有匀称性的比例。匀称的比例关系，会使物体的形象具有严谨、和谐与舒适的美。中国古代木工祖传的“周三径一，方五斜七”的口诀，就是制作圆形或方形物件的大致比例关系。古代画论中“丈山尺树，寸马分人”之说，人物画中“立七、坐五、盘三半”之说，画人的面部“五配三匀”之说等，都是人们对各种人与自然事物的比例关系的和谐美的理解与概括。

比例作为环境艺术设计美学的一条重要法则，自古以来就受到了人们的广泛重视。公元前 6 世纪的古希腊哲学家毕达哥拉斯就提出“美是由一定数量关系构成的和谐”。中世纪伟大的神学家圣•奥古斯丁也曾说：“美是各部分的适当比例，再加一种悦目的颜色。”比例和分割是直接联系着的，其中最有名的则是古希腊的黄金分割率，其比值为 1 ∶ 0.618，这一能引起人美感的比例经常在各种艺术实践中发挥其作用。

尺度在形态设计中指整体的尺度适当，整体与局部，局部与局部的尺度关系适当。尺度是一种标准，是比例的质的规定，与比例相辅相成。比例的选择和运用取决于形态的尺度和结构等多种要素。它以人的环境为参照物，反映了事物与人或外部环境的协调关系和设计对人的生理、心理，以及社会的适应性。优良的设计同时有着合理的尺度和美的比例。环境形态各部分的尺寸关系必须在一定的尺度范围内来权衡美的比例。

在环境艺术设计中，比例与尺度的关系非常密切，这也是设计师从始至终都要考虑的问题。从事任何艺术设计，都要先确定尺度，然后再解决比例关系，而尺度又是人机学的重要组成部分。在科技进步与发展的今天，任何环境的比例与尺度都不是一成不变的。随着时代的发展、物质技术材料的改变、人们审美情趣的转移，各类环境都有可能做一些结构比例或尺度的调整。从电脑和移动电话的发展历程可以看出，环境在外观适时地随着审美与消费的洪流不断调整之时，并不影响其比例和尺度给人带来的舒适和美感。由此，我们不难得出，比例与尺度的艺术美学关系没有尺度则无法判断比例，而任何尺度都会在一定条件下反映出某种比例关系。这也正好印证了马克思主义哲学原理中的限定与反映关系。

六、过渡与呼应

过渡是通过一定的艺术手段来塑造艺术设计语言的衔接与变化，是以连续渐变的线、面、体来实现形态的转承以产生设计的整体感的一种方式。过渡手法有曲面的渐变、圆弧过渡、斜线的联合过渡等几种。在设计形式的对比变化中，张与弛、急与缓、强与弱、快与慢、松与紧、虚与实，永远是形式对立的两个极端，但它们又处于相辅相成、互相照应的辩证统一关系中。在这些对立要素中，其对调节对立矛盾关系起桥梁、承接、铺垫与纽带作用，恰恰是过渡的价值与意义体现。由于表现方法与艺术思维的不同，过渡会呈现出一定形式的渐变美、节奏感与韵律美，从而引起了视觉要素的跳跃性变化或视觉要素结构的连续性规律变化。

合理恰当地运用过渡如同开渠引水，能够起到承上启下、承左接右、承前启后的作用。它能把不相干或不连贯的图形、文字、色彩、线条、空间、体量、声音或音乐等元素进行有机贯穿，使设计作品气韵贯通、层次清晰、形式严密、结构完整、整体统一。同时，它还能有效避免设计作品的断气、破碎、松散、迷乱，以及头绪不清等弊端的出现，使设计品位与艺术含量得到和谐提升。

呼应是指视觉元素在某个方位上形、色、质的相互联系和位置的相互照应，使人在视觉印象上产生相互关联的和谐统一感。呼应主要强调在对比中加强联系和节奏的变化，无论上下，还是左右、前后，视觉元素都要互相关联与照应，而各组成要素之间要通过一定的手法或方式来达到协调与一致，这正是“呼应”的作用体现。

“呼应”使视觉要素达成了某种目的的照应与有机联系，从而更加促进了结构的完整与思维的互动。呼应的意义在于防止了结构的松散、紊乱与无序状态，加强了结构的整体统一性，表现出了事物或作品的结构美与关联效应。这就需要从宏观整体上要求处于前后、左右、上下等不同时空位置的视觉要素体现出相互比照、呼应、照顾的形式规律。每一个视觉要素的安置如同棋子一样，左顾右盼正是为了从全局的角度出发来进行呼应或互动。在艺术设计中，通常是通过形态、色彩、材质或装饰风格的同一或近似来求得环境间的呼应的。

当代环境艺术设计的潮流是以人为本，从人的审美追求和实际需要出发，以人的心理协调和生理舒适为前提进行设计。一件好的环境艺术应该有自然流畅的衔接过渡，并且各部分之间能够相互衬托呼应，紧密联系成为一个整体。环境形式因素中的过渡与呼应正是其整体与部分相互连通的脉络。这种脉络有时清晰分明，有时若隐若现，但主要体现在线、面、体、色几个方面。棱线或弧线的过渡、弧面的转折、形体的过渡与呼应、色彩的过渡与呼应等都是处理环境艺术美的理想方法。如果过度生硬、简单或者缺少呼应，整体感不强，就会引起人的审美疲劳。

七、条理与秩序

环境艺术设计中的“条理”指将视觉要素通过一定的艺术手段梳理为有序的状态，从而使视觉语言条理清晰与层次结构合理。自然界的物像都是运动和发展着的，而这种运动和发展是在条理中进行的，如植物花卉的枝叶生长，花型生长的结构，飞禽羽毛，鱼类鳞片的生长排列，都呈现出条理这一规律。

条理的优势在于使环境在形体结构上更直接准确，在视觉传播方面更率意直接，在使用上更简洁轻松。因此，条理的表现是多方面的。聪明的设计师会在形体、色彩、质感等多方面进行统一细致的条理规划，其目的就是使视觉要素在纷乱中求得秩序，在变化中求得条理。

秩序指事物构成要素有规律地排列组合或事物之间有规律地运动与转化。这种有规律的组合会产生一种秩序美和条理美。秩序反映在人们的视觉中，会引发一种排列有序、井然有序的美感。自然界中，事物的构造与运动有规律可循，生物体排列或组合的有序、自然状态是精致完美的。

环境艺术设计也要遵循秩序与条理的法则。强调秩序条理是追求一种有规律的整体美的表现。在环境形态设计中，采用相似或相同的形态，一致与类似的线形，均衡或对称的组合方式，以及对节奏、韵律、统一、呼应、调和等美学要素的运用，都会给整体形态带来秩序。强调秩序条理，实际上就是追求一种有规律的整体美。

条理美与秩序美是环境艺术设计美学的重要组成部分，能体现出设计的条理性、有序性与科学性。条理性就是秩序性的一种表现，而秩序性中包含着条理。人类的艺术审美，以及鉴赏活动都离不开条理与秩序，否则将失去标准并无法进行。

八、主从与重点

主从与重点指的是视觉要素中的主要部分和从属部分，这是环境艺术设计中一个不可忽视的原则。主从与重点强调的是事物与事物之间及事物各组成部分之间的主次关系，关键在于主从协调，突出主题。主要视觉要素可能是一个或多个，但是视觉重点只有一个。视觉重点既是设计的核心，又是视觉的焦点。一个和谐的设计必然在形式上表现为主导与从属，整体与局部的关系。主次有序的设计给人以明快感，清晰感。统一协调也就是主与从的融洽，是协调一致的关系。在一个有机统一的整体中，各组成部分是不能不加以区别而一律对待的。它们应当有主与从的差别，有重点与一般的差别，有核心与外围组织的差别。否则，各要素平均分布、同等对待，即使排列得整整齐齐、很有秩序，也难免会流于松散、单调而失去统一性。

在环境艺术设计中，一定要从整体出发，以简练手法使得重点突出。形式要追随功能，造型的重点是环境中的功能部分，不能平均对待，不分主宾。在保证功能占绝对优势的前提下可以做一些辅助变化，与环境的主导部分达到一定的主从关系，并且形式上要尽可能保持和谐，做到形象鲜明但又有整体特色。为了突出视觉中心的主体部位，可采用形体的对比、色彩的对比、材质的对比、特殊的工艺，以及聚散原理和透视原理使重点突出、主题鲜明。

在环境艺术设计中，一定要把握整体与部分之间的主次关系，做到主从协调、突出主体，加强设计的统一性与完整性。一个和谐统一的艺术设计，必然在形式上表现为主导与从属、整体与局部的关系，各设计元素必须处于有机联系的统一体中，否则，必然处于杂乱无章的状态。

九、比拟与联想

所谓“比拟”，有比较和模拟之意，是事物意象之间的折射和寄寓，可以利用它们之间的不同特性，使两体融为一体，使之更加生动有趣。比拟作为设计语言的一种手段、方式，有其独特的艺术表现力与表现方式。其目的在于引起受众群体产生兴趣从而对作品产生联想。比拟特征在艺术设计中运用得巧妙完美，会对设计、人类，以及社会带来特殊的意义与无尽的益处。

“联想”是思维的延伸，是人们根据事物之间的某种联系而产生的由此及彼的心理思维过程。这个思维过程，可能是由眼前的事物联想到曾经接触的相似、相反或相关的事物或未来事物的发展状态。联想是连接此事物和彼事物的桥梁，它可以使人的思路更开阔、视野更广远，从而引发审美活动。

整体而言，联想主要有四种类型：一是接近联想，即把接近的事物联系起来想象；二是类似联想，即把具有类似特征的事物联系起来想象，如见到绿色就联想到草，见到橙色就联想到阳光；三是对比联想，即把具有对立关系的事物联系起来想象，如由黎明联想到黑夜，由冰联想到火；四是因果联想，即把具有因果关系的事物联系起来想象，如由冰联想到冷，由火联想到热。

环境艺术设计离不开联想，因为它是一种观念和心理上的再创造，可以激发设计者的创造性思维。在工业艺术设计中善用比拟与联想，能点燃消费者的想象火花，令环境更生动、更传神，从而给人以美的精神享受。例如，通过仿生或模拟自然形成的形态能使人感到亲切与自然；通过形态、形体、结构、材料、质地等方面产生的创意设计能使人产生振奋、运动、优雅、现代、古朴、富贵等联觉感受。总之，在环境艺术设计中，联想是思维的拓展和延伸。通过丰富的联想，能突破时空的界限，扩大艺术形象的容量。

十、变形与变异

环境艺术设计中的变形，虽没有绘画、雕塑形式那样自由灵活，但是也有其独特的艺术魅力与感染力。它是指在原有设计元素的基础上，根据设计的需要，对环境的外观造型与形体结构进行有目的、合理的变形。它可以运用夸张、放大、缩小、扭曲、挤压、组合等多种变化方式。其中，夸张的变形设计有生动活泼、幽默滑稽的视觉效果；扭曲、挤压的变形设计给人以惊叹感与紧张感。从心理学的角度分析，变形的事物在头脑中存留的时间比正常的事物要长，同时，变形的事物也比正常的事物较容易引起人们的注意。

合理巧妙地运用机构变形设计会使艺术设计透射出智慧与力量，同时也会推动人类精神文明与商业积极地向前发展。

变异是指视觉要素在有秩序的关系里，有意识地违反正常秩序，使个别要素打破规律，出现变化或异常的现象。变异是对规律的挑战，是在规律的基础上使整体与局部相对立，但又使二者不失巧妙的对接与进行内在联系，从而打破单调乏味的局面，给人以视觉上的刺激感、活泼感与新鲜感。而变异的部分即视觉焦点。

变异的形式有规律的转移和规律的变异两种，可依据大小、方向、形状（形体）的不同来构成特异效果。在形状（形体）的变异方面，可使许多重复或近似的视觉元素，出现一小部分变异以形成差异对比；在大小的变异方面，可使视觉元素在大小上做适中的变异处理，不可使视觉元素太悬殊或太相近；在色彩的变异方面，可使同类色彩构成中出现某些打破局面的对比成份；在方向的变异方面，可使少数视觉元素在方向上突然变化以打破有秩序的排列效果；在肌理的变异方面，可在相同的肌理质感中突显不同的肌理变化。

变化与变异造型手段便于营造时代前卫主题。巧妙的变化会烘托环境整体美，变异的形态更会产生神奇的效果。环境艺术能够表现空间情态，如体量的变化、材质的变化、色彩的变化、形态的夸张等，引起人们的注意。环境只有借助所有外部形态特征，才能发挥其自身的功能。

在日常生活中，多数人会有这样或类似的体验，即冲咖啡或牛奶的时候，搅拌后的勺子没有合适的地方放置。如果在勺子的柄部做下变形，勺子就会卡在杯子沿上，这样问题就解决了。这种变形设计不仅增加了勺子本身的形式美，还会使勺子上的液体全部滴入杯中，这既便于清洗，又防止了浪费。

虽然变形与变异都是设计的需要，但那种目的模糊、艺术感染力不强的设计作品意义似乎不大。因此，在应用变形与变异时，应考虑到使用的环境、使用性质、使用目的，以及使用效果等多方面内容。“变”不一定就是设计，但合理的具有创意的“变”才是设计的价值与意义所在。

十一、幽默与情趣

环境艺术设计在满足人们基本功能需求时，还体现了人们求新、求奇和求趣的视觉审美与心理审美的需求。究其原因，随着人们生活水平的不断提高，物质生活的逐渐丰裕，人们把注意力开始投向了精神生活层面。在对物质环境进行选择时，人们更希望获得来自生活方面的人性关怀，得到一种精神上的享受。在当今机械化的工作节奏和冗余的信息空间中，现代环境已不再是机械的、冰冷的，因为它不再是为了满足人们的生活需求而产生的一种物质存在，更多的是一种为了取悦使用者，使其达到情感满足的传播媒介。一件充满情趣与幽默的艺术设计，往往能调节枯燥的生活与工作的压力，缓解高新技术环境带给人们的冷漠感与紧张感。因此，设计师在做设计时，应当调整设计思路，用幽默与趣味的艺术语言赋予环境以生命情感，以增强环境与人的亲和感，在给消费者带来惊讶与快乐的同时，也满足其内心的渴望。

幽默与趣味具有较大的相似性，生活需要趣味同样也需要幽默。幽默是一种修养、一种文化、一种艺术、一种独特的审美情趣。在艺术设计中，幽默简言之是指运用滑稽、意味深长的设计元素，运用活泼、生动的表现手法来表现设计意图。在环境艺术中运用幽默手法可以使环境焕发出特殊的表现力，同时也更具人性化与亲和力，让人发自内心地喜欢该环境。这种手法便于人们接受和理解，因而能起到事半功倍的效果。

在艺术设计中，为了迎合特殊受众群体的需求，利用幽默诙谐的设计形式可赋予环境更多的新意，进而活跃环境市场。例如，现代年轻人使用的移动电话的配饰，较多地使用了幽默的设计形式，使小环境既简洁明快又颇有情趣。由此可见，幽默的设计形式在表达小环境上有着独特的优势。

情趣是指消费者在使用环境时所感受到的乐趣。情趣化环境一般运用趣味化手法来表述设计理念与创作意图。环境形态风趣，形式诙谐，颇具强烈的吸引力，容易激起消费者强烈的思想情感与审美体验。情趣手法能否合理运用是设计师艺术品位高低的体现，同时也是一种格调高低的表现。情趣生动、形式幽默使环境形态鲜明、个性张扬，并赋有强烈的韵律感和生命力，容易激起审美主体强烈的审美情感与兴趣，使冷漠的环境富有活力与张力。

幽默与情趣美学规律以独特的视角与别具一格的思维方式充分发挥了艺术的情感效应，既增强了环境的视觉印象，又提高了环境的趣味性与游戏性。幽默的设计可以让使用者在环境中得到快乐，被设计的形式所感染。而情趣的设计，由于添加了更多的情感，会让人们在观看环境时，领悟到某种情感，同时也会使环境更具情感化。具有趣味、幽默风格的环境往往是通过拟人、夸张、排列组合等手法将一些自然形态进行再现，从而给人呈现出新的心理感受。

除了形体与质感对营造环境幽默与情趣的氛围有着重要作用，色彩对其产生的影响也不容小视。研究表明，色彩具有先声夺人的艺术效果。因此，色彩更容易吸引人们的眼球，激活人们的情感。在系列艺术设计中，色彩的设计须依附于整体造型，然后根据个体特点予以搭配，以增强环境的趣味性。

充满情趣与幽默的环境，在使用功能不受阻碍时，会极大地提升环境的附加价值，令一件本无生命的环境有了跳跃的灵魂，从而带给消费者无限的惊喜与欢乐。当幽默与情趣同环境的功能完全契合时，可以说，这个设计就真正地践行了以人为本的设计法则。趣味与幽默恰似一对孪生兄弟，两者存在着共性与个性。趣味中散发着幽默的味道，而幽默中又包含着动人的趣味。但二者绝非等同，有趣味的设计不一定总是幽默的，同样，并非所有包含幽默元素的设计都是富有趣味的。

十二、古韵与时尚

古韵指古朴韵味之美，即使用古代流传下来的文化元素来表现设计意图。古韵既是一种文化特征也是一种文化传载。无古何以论今。没有古韵，我们的文化将黯然失色，时代的设计也将会变得僵硬而苍白。因此，古韵设计也是一种文化的继承与表现形式。借古可以鉴今，古韵在为设计带来灵感的同时，也为设计带来了更多的思考。设计不是简单的古韵继承或移花接木的行为，而是要充分研究与分析“古韵”的时代内涵与文化特征，使之“古为今用”。古韵体现的是古朴韵味美，强调的是文化差异性。古韵之所以如陈年佳酿、愈久愈香，是因为它的经典与永恒。

时尚为流行与潮流的代名词，指当代流行的风尚，体现的是潮流之美与前卫之美。时尚设计具有前瞻性、预见性等特征。如今，时尚已成为一种文化行为与文化特征。时尚给人们带来了愉悦的心情及优雅、纯粹与不凡的感受，赋予了人们不同的气质和神韵。人类对时尚的追求促进了人类生活的美好。

古韵与时尚是对立统一的关系。两者有着独自的个性，同时又存在着广泛的共性。从某种意义上来说，时尚经过时间的酝酿有可能成为经典。古韵指导时尚，时尚借鉴古韵。时尚设计在张扬个性，展现自我的同时，兼顾着古韵情节，传统与现代结合，古韵与时尚并置。古韵与时尚结合日趋流行，在不失经典的同时，流露出了时尚。

在现代环境艺术设计中，传统文化的融入十分必要。是因为环境如果没有厚重的文化沉淀作基础，设计样式再花哨也只是美丽的外壳，缺少文化底蕴。因此，艺术设计既要带有古朴的文化韵味又要具备现代的艺术气息。

古韵曾经是时代的时尚，而时尚经时代的变迁将会成为古韵。古韵与时尚这两个跨越时空、跨越历史的艺术表现形式，很难找到一个合理有效的结合点，因为设计不仅解决的是形式与审美的表象问题，它还涉及人文、历史、观念与习俗等多方面的问题。因此，设计师担当着于众多矛盾中解决时空交错的古韵与时尚问题的责任，因而需搭建古与今的人文设计平台。

十三、分割与组合

分割与组合是环境艺术设计形式美的法则之一。分割指把整体或者有联系的东西分开，或把一个整体分成各个组合部分，根据需要发挥其各自不同的功能与作用。艺术设计中的分割，是为更好的组合作铺垫的，分割开来的个体虽是独立的，但不失其完整性。组合是指把若干个相同或不同的元素组织为整体，形成新的外观形象，发挥其新的组织功能，使其更加美观、实用，更具亲和力。

在环境艺术设计活动中，设计师经常运用这一法则，依据使用功能、使用要素等对在大自然中提取的千变万化的形态要素进行不同的改变，以满足使用者的多种需要。构成艺术是分割与组合的基础，它使环境体现出一种动态的造型方式，随意组和，千变万化，大大丰富了人们的立体空间想象能力。分割与组合概括起来包括三种类型：

（一）实用性分割与组合

实用性分割与组合，指根据环境的使用目的最大限度地发挥环境的使用功能的分割与组合作用。空间关系是这种方式的主导因素。使用者往往依据居室的大小和环境的尺度及个人的兴趣对环境的大小、方向、色彩、质感等进行合理搭配，以达到节省空间、实用美观的目的。

实用性分割与组合注重的不是环境个体元素的发挥，而是环境诸元素之间的配合，既要有道理又要适宜，不能因为某个细节而去刻意破坏一个整体的功能或形式的诉求。如果想恰到好处地运用实用性分割与组合，就应该把环境的各个部件放在整个环境的组织构成中去思考，把握艺术设计的共性与个性。此外，应更多地讲究形式美法则，不能仅停留在功能要求的束缚中，力求功能美与形式美的统一。这种分割与组合建立了一种理性的、知性的、富于秩序和条理的设计风格，并将构成艺术的精髓完全融入了艺术设计领域之中。

（二）趣味性分割与组合

随着社会的飞速发展，人们生活节奏在逐渐加快。身心负荷压力的人们渴望获得心灵的解压，人们向往回归休闲，在潜意识里渴望与环境发生对话，产生通融。因此，环境艺术设计在保证物质功能的同时逐渐肩负起精神享受的重任。而充满情趣的环境艺术设计能缓解高新技术环境带给人们的冷漠感与紧张感，让人们体会到环境变化的乐趣。

趣味性分割与组合就是在满足环境实用功能的基础上，将趣味化元素引入艺术设计领域，使其设计理念颇具趣味性与幽默感。这种分割与组合能开发人们设计组合的能力，在锻炼思维的同时又娱乐自我。比如，积木就是儿童最喜欢的玩具之一。

（三）功能性分割与组合

功能性分割与组合强调的是环境的多功能性。我们知道，每个环境组件都有其独自的性能与用途，如果将其组合起来则可附加环境的使用功能。因此，分割状态下与组合状态下的环境使用方式是不同的，这给人最直观的体会就是一物多用，具有很强的时代性。这种分割与组合着眼于艺术设计本身的整合性，强调环境结构的灵巧与活泛，注重块面的分割与形体的穿插，将设计对象的立面、色彩、体块等理性因素揉进立体空间的设计中去，最大限度地突破常态，创造可能的新形式，使使用者得到由形式、色彩与空间所带来的精神愉悦，并获得在艺术设计实践中的创造性功能。分割与组合常见于家具设计之中。

分割与组合是一种有目的的美学规律研究形式。在艺术分割与再现组合中实用因素与审美要素达到吧统一与和谐。分割与组合是塑造环境形态的重要手段。正确地分析其不同类型的设计定位与文化内涵，做到针对不同的环境采用相应的方式，有针对、有目的地打造环境的外观形态，这对艺术设计会起到一定的帮助作用。

十四、通透与洁净

通透多形容事物本身不浑浊、不沉闷，具有较好的透光性、透气性等特征。通透的设计透明、通畅、清澈，给人以舒畅感、空灵感。通透设计美学规律使环境成为物质硬件与生命情感的合成物，通透元素的巧妙加入，既可以使粗笨的环境变得灵动，又能增添环境的视觉美感，赋予环境以生命力。通透可以通过结构或元件的塑造和处理，达到透明或半透明的艺术效果。

洁净指纯洁干净，给人以清洁、纯净、无瑕的美好感受。洁净是一种视觉和心理的双重感悟。洁净是针对整体视觉效果而言的，它可通过色彩的控制、明度的调整和色相的选择来描绘，尽可能达到单纯洁白、清爽宜人的视觉感受。

通透与洁净的艺术感染力，在于能打破沉闷与封闭的设计给人造成的压抑和烦躁的视觉感受。这种设计规律能同时展现环境的外在形式与内在品质，使环境在喧嚣的生活中给人们带来宁静，因此，它将成为当今时代多数人所崇尚的美学标准。

通透与洁净是相似的，通透的事物多给人以洁净感，而洁净的事物又多有通透的成分。通透与洁净给人类以美的遐想与良好的记忆，人类在追求通透与洁净事物的同时也侧面反映了精神世界追求“圣洁”的一面。由此可知，人类从心理层面到精神层面都更乐于喜爱并接受“通透与洁净”的事物。因此，在环境艺术设计中，我们要获取精神与事物性质及品质的立足点与契合点。总之，“通透与洁净”已非表面的直白语义，其内涵与深层意义已融于艺术设计之中。

十五、轻巧与秀丽

轻巧指轻便灵巧，它追求轻盈、明快之美。对于轻巧的设计语言塑造，环境艺术设计是一个主要方面。造型应以小巧、轻盈、空灵、玲珑为方向，点、线、面的处理应分主次，不要过于烦琐，在某些小圆弧的结构处理上更应细致入微。在色彩处理上，主张避免纷杂用色，尽量以少量色彩搭配或以单色调配置，这样更能增强统一感和协调感。另外，用色上应多以轻色调或无彩色为主，少用重色调，同时应注意对明度和纯度的控制。

秀丽既指清秀美丽，又指视觉上的韵致与美感。“秀丽”之所以强调“秀”，意在表明不是单纯追求形式上的漂亮与美丽，而是传达具有一定格调与定位的艺术美。秀丽给人以俊秀感、妩媚感，它在美中体现出的是简净与超脱。轻巧与秀丽二者互为前提、互为补充，相辅相成，轻巧中可以蕴含秀丽，秀丽中又可以展示轻巧。

简单、灵巧、便捷、俊秀是轻巧与秀丽的特点。轻巧与秀丽的环境能让人们从中体验到科技发展带来的便捷与时尚感，给人的视觉营造一种活泼感、轻盈感与韵致美。

轻巧与秀丽的环境非常适合现代人的快节奏生活，符合现代人的心理倾向与审美要求。经过一天的忙碌生活，人们的身心疲惫不堪，这样就需要轻巧与秀丽的环境来舒缓工作的压力，调节生活的气氛。因此，在艺术设计中，一定要综合各方面的因素，取其设计的重点，这样才能设计出令人身心开阔、精神愉快、赏心悦目的环境。一般说来，为了达到轻巧与秀丽的要求，在形体创造上，可采用提高重心、缩小底部支撑面积、作内收或架空处理，适当地运用曲线、曲面等方法。在色彩及装饰设计中，一般可采用提高色彩明度，利用材质特性进行设计来给人带来情感联想等。

十六、错视与矛盾

错视又称视错或视觉错觉，是我们的知识经验与所观察的对象物在现实的影像中由于某种原因而引起的错误感知。产生错视的机制可谓纷繁复杂。除了与人类视网膜构造、视觉反应、视觉对象、周围光环境等生理、物理因素有关外，还与观察者的主观心理因素有着密切的关系。观察者往往依赖着自身的预测力，凭借着过去的经验，把某种心理暗示附加融入其中而获取视觉印象。这种视觉印象，往往会使观察者做出与客观存在的事物并不完全一致的视觉判断。

合理地运用错视能弥补环境艺术设计的不足，可以使设计更为完美和富于创意。视错觉设计最终是为人服务的。准确地把握正确的视错觉语言这一因素的应用，充分借助现代科学技术及材料的优势，深入地研究人们的审美心理与消费习惯，利用优势视错觉，尽量抑制劣势视错觉，把它技术性地运用到艺术设计中来，就能拓展设计思路，不断优化创作设计。所谓技术性，就是借视错觉的规律来加强造型效果，使原来比较笨重、呆滞、生硬的形体变得轻巧、精细、新颖。矫正错视，就是在充分估计错视的基础上利用错视规律，在实际设计中适当地改变某些量和某些关系，使受错视影响的视觉“补偿”或“还原”成正常的效果。

环境的视错觉产生的因素很多。图形的错觉，一般是由同一图形在两种相对的情况下产生的大小、长短、高矮等方面的差异。色彩的错觉，是由于色彩自身的轻重感、膨胀感、收缩感、前进感和后退感使色彩感觉发生的变化。不同的色彩实体，会产生不同的色彩错视。材质的错觉，是指材料本身隐含的与人类心理对应的情感信息，通过视觉机给人以不同的心理感受和审美情趣，如轻重、冷暖、虚实、坚硬与柔软等生理感受。在艺术设计中，对错视加以利用，不仅可以实现环境的功能，体现环境的美感，还可以把原本刚硬的物体变得柔软，光滑的物体变得粗糙等，从而形成材料质感上的错视。

矛盾指现实生活中不存在，在二维空间里运用三维空间的平面表现形式，错误地表现出来的矛盾空间。矛盾空间的形成通常利用的是视点的转换和交替，即在二维的平面上表现了三维的立体形态，但在三维立体的形体中显现出模棱两可的视觉效果，造成了空间的混乱，形成了介于二维和三维之间的空间。矛盾空间具有表现多视点的特性。

环境艺术设计的形式美学法则是艺术创作的基石，是我们在进行环境艺术设计时必须遵循的原则。但对于这一原则，我们又不能教条主义般地生搬硬套，要善于灵活运用。在环境艺术设计中，只有充分考虑美学因素的影响，把握美学规律的定位，对其深层内涵进行探讨和研究，才能创作出富有创造力，符合现代人审美情趣的环境形式。

第三节　环境艺术设计的基本原则

环境艺术设计涉及领域虽然较为广泛，不同类型项目的设计手法也有所区别，但从环境艺术的特点和本质出发，其设计都应遵循以下原则。

一、以人为本的原则

人是环境的主体，环境艺术设计是为人服务的，必须首先满足人对环境的物质功能需求、心理行为需求和精神审美需求。在物质功能层面，环境艺术设计应为人们提供一个可居住、停留、休憩、观赏的场所，处理好人工环境与自然环境的关系，处理好功能布局、流线组织、功能与空间的匹配等内部机能的关系；在心理行为层面上，环境艺术设计必须从人的心理需求和行为特征出发，合理限定空间领域，满足不同规模人群活动的需要；在精神审美层面上，环境艺术设计应充分研究地域自然环境特征，注重挖掘地域历史文化内涵，把握设计潮流和公众审美倾向。

二、有意识的观察原则

理解这一点之后，环境设计者就可以更有意识地进行观察。我们必须清楚，我们总是带着某种文化偏见或好恶去“看”，然而在设计时我们应多考虑一下别人的意见，因为景观设计毕竟不是纯粹的个人表达，而是要为那些有自己的逻辑、生活方式和看问题方法的环境个体营造场所。因此，环境设计者观察的时候必须带着对人们和人们对环境可能作出的反应的理解才行。

洛仑兹的“暗中的观察”这一说法已被杰伊·艾普勒顿用来描述人们对园林中环境的反应的基本方面。而“发现与隐藏理论”可能就是源于此。我们可以从孩童的游戏中找到这种美学模式的原型——在一个普通的游戏中，快乐来自高明的躲藏和成功的发现。对设计者来说，“被观察的观察者”具有重要的方法论价值，它为中国的设计方法提供了极具说服力的解释。这是一种很高超的设计技巧，反映了洛仑兹所提出的人类行为的原始性，具有很深远的意义，使人们坚持自己思考，在可接受的意外中创造乐趣。比方说，游人在一个传统的中国南方城镇里就很难找到一个私人花园，因为所有的美妙的花园都在住宅商局的院墙之后。而在市中心的居住区中穿过许多小门、天井和回廊的时候突然看到一片“自然”不能不说是个惊喜。因此，在这拥挤的生活空间中发现一些因少见而变得更加珍贵的景观就会给人带来无限的喜悦。此外，游客的兴致也会因一些隐秘之处得到揭示而大大提高，我们称之为“隐蔽的形式”。

这也驱使我们研究观察的方法：要研究游客的行为如何在运动之中发现情趣；体现阴阳的联系、发现与隐藏交替；留出联想的空间来提高场景沟通的效果。最终，环境形象的戏剧效果会从人们自己愉悦的体验之中被他们以自己想像的形式提炼出来。

三、定义空间的原则

另一个和观察有关的是空间定义的形式。一方面透视法的运用对于定义空间是极其重要的，其中主要的问题是确定环境的特性，对空间定义进行足够的强调；另一方面，我们又要打破僵硬的空间布局以丰富被设计场所的内涵。因此，设计形式，也就是说定义空间的形式应当在设计师的构思控制之下，同时又具有充分的灵活性。

为达到这个目的，既可以采用焦点透视又可以采用散点透视来为环境中增添某些变化的因素，使观赏者能够体验到更多的乐趣。然而，我们都知道一个焦点就是一个设计空间的构架，因此，要想将游客导向焦点就需要对有限的空间中的活动方式进行仔细的设计。中国式的散点透视，即高远、深远和平远的空间概念能在按空间序列安排视觉的效果上提供思想和技术上的帮助。

空间感来自一个复杂环境中自由的感觉，而不是某种巨大但空荡的环境；空间的丰富感来自人们对其体验的多少而非其实际大小。当我们有能力既应付复杂的布局又能欣赏风景的丰富变化的时候，喜悦就来自一个有限的空间框架中体现的丰富空间感。静态和动态的特征都是产生吸引力的因素。另外，分散焦点的空间结构提供了一种特殊的自由，让人们以自己喜好的方式组织画面以满足自己的兴趣。

四、形式原则

对设计任务的分析，尤其是对被设计场所与其周边环境的分析，也是关于观察讨论的十分重要的一环。这种共生环境是极其关键的，因为没有任何环境设计能脱离其周围地段条件而单独存在，它们之间有着相互作用、相互制约的关系。

（一）作为前提的形式

我们在设计中所受到的限制来自现有的环境或自然和社会条件等。因此，要有效地实施我们的设计就必须清楚地掌握设计所受到的外部限制条件，也就是要研究作为前提的形式。

一个设计必须适应使用者的需要，而这些需要也是受不同的社会、文化和经济条件限制的。这些都会以某种特定设计的形式表现出来并和环境因素融为一体。因此，我们应把环境设计形式看作一个整体形态，它集合了城市建筑景观、乡村建筑形态、森林地带、道路走向、地形起伏、池沼、湖泊、海岸、运河等因素。这些形式中，有些是很难处理的，因为他们存在的唯一原因是经济利益的要求，比方说公路和工业区就经常和创造理想的风景区产生矛盾。

自然条件如光线和地形等也会对设计形式有较大影响。如前所述，光线使北欧与南欧的景致大不相同，而南北地形的差异更是中国山水画南北画风相异的重要因素。从景观角度出发，也是出于对光线的考虑，英国的景观设计中运用了许多高大的树木（像肯特所做的那样）以获得光与影的对比效果，而在中国南部，人们需要巨大的树冠带来的荫凉对付炎热的天气。因此我们也不难理解为什么在建筑上有南北风格的区分，以及有分明的开敞与封闭的不同做法。

相关的社会因素也是颇具影响的，例如，在人口密集的地区，高层建筑之间的空间——环境的“气口”是个很严重的问题，面对着硬质景观给建筑带来的压力，环境设计变得更加困难。同时，软化和整治居住环境和为儿童、老人提供户外活动空间的必要性就显得更为重要。在人口密度低的地方，住所安全的问题非常明显，尽管环境设计不是解决社会问题的唯一方法，但是安全问题反过来也会影响环境设计的质量。

简而言之，我们的环境是由可见或不可见的空间形式制约着的，人类有无穷的改善生活环境的愿望，而力量却是有限的。但当自然和社会条件不同时，设计思想必须顺应这些不同条件的形式进行，也就是说要理解空间限制如何成为首要的设计因素。事实上，环境设计的天才们是那些懂得如何在尊重自然、社会和现有环境的同时进行思考和创新的人。也就是说，一个好的环境设计必须遵循“环境共生”法则，需要一个能将内在需求与外在条件平衡环境折中的方案。另外，还必须具备一个重要的设计艺术品质——它必须反映周围环境的特质：地方性，也就是指对当地材料、技术或工艺、典型的建筑和构造风格的运用。从广义上讲，被设计的并非是一个抽象的空间，而是大众（个人和群体）的归属，是人与场所的独特的身份。

（二）组合的原则

悉知这些不同的条件之后，环境设计过程就变得更加复杂了，因之也更加有趣了。一个新设计出的环境也许因其独特的空间逻辑和空间表达而被认为有着独特的个性，然而它仍然属于其周围环境脉络的一部分，会和其他形式发生关系。从空间处理上来说，设计者显示出的对环境感受性的关心的重要途径就是空间形态。

空间感的获得需要一个心理上自由的前提，我们也知道空间的自由感并不取决于尺度而取决于布局手法。因此，设计就是要创造一些与空无相比显得充实的东西，也就是可触及的东西，可产生错觉的东西。从这个意义上说，阴阳理论又可以帮设计者解决问题：在不同的空间对比效果的基础上，一个整体空间结构中的动态平衡就会稳固地建立起来。

然而，这并不是最后的目的。环境的整体布局和空间的逻辑安排的全部意义就在于体现“意”，也就是要体现特定的场所意念。因此，主次物象之间的空间关系就必须表现出高超的设计技巧。例如，一个引人注目的焦点周围的空间（如一所古代寺院或一个接待大厅周围）功能上应该是提供了附属设施的，然而这些附属物又作为空间元素丰富了空间层次和关系，从而最终决定着人们对整个环境的印象。掌握空间对比的手法、空间密度与序列的相互影响至关重要。

由此我们可推断，空间秩序是一种无形的形式，即将深刻的设计哲学与功能联系起来，渗透于不同的地方、不同的层次和不同的部分。在景观设计中更难的工作是处理好明显的中心部分与其附属部分的过渡关系，而其中的关键在于如何处理焦点。如果手法太直接，那就会如同一个没有经验的说书人很快就会让听众失去了兴致，犹如他们一早就知道故事的结局一般。因此，设计一个稍带暗示的、逐步发现的过程是很有必要的。

为了将整个“情节”清晰且有趣地布置好，“含蓄”这个概念就变成了设计思考的核心。它不仅要求在功能上可行，还要在立意上含蓄、婉转，这样的设计方式可以让人领略到不同的空间层次，被多层次的对比吸引，不断地被喜悦打动。

用伯克的话来说，外部事物存在着巨大或细小、粗糙或粗犷、光滑或细腻、紧张或松弛等对比形式。当然我们没有必要非让人感觉痛苦之后的快乐。对这种效果恰当的形容应该是“易接近的”情感或是对清晰的环境形式的体验，一种愉快的空间上的消遣，一种来自对秩序的认同而欣赏其多样性的快感。

简而言之，组合形式的意义不只是清理各物体之间的关系，而是要创立一种能引导和组织人们活动和认知的可见的相互关系。“组合的形式”是一种看得见的、想得到的、感觉得出的形式，能为设计场所增加移动和思维自由的东西。

（三）展开的原则

我们的土地是有限的。出于现代生活的需要，我们须将土地划上疆界用以区分农场、森林、工业、交通和居住区。此外，疆界感（领土感）几乎是所有生物的本能，这一点早已为人类学家和心理学家所证明了。

边界可以有两种形式：可见的和不可见的，也就是有形的（物质的）边界和心理上的边界。极度呆板和不友善的边界，其压迫感会造成一种很不愉快的空间压力，并可以从视觉上毁坏整个画面。

然而，很多设计工作都是一开始便分析土地的局限性带来的问题，在这里我们主要关心的问题是如何最好地利用边界，克服其限制并创造一个“超越边界的视野”。

从中国和英国的流派的经验中我们看到，可以从“展开的形式”中获得这种视野，这并不意味着消除实际的边界，而是要带着超越它们的感觉去设计。

首先，我们可以将设计场所的边界变成一种有价值的东西。英国约克城的围墙和湖南凤凰城的大门将边界与标志性含义相融合的做法就是典型的例子。其次我们可以简单地把它隐藏起来。更难做到的也许是在不牺牲整体感的情况下分割内部空间，将美感和实用结合起来。对这种整体感来说，联系内部空间的传统中国方式就是在有限的空间内制造空间感的绝妙演示。

五、线条原则

“美的线条”与线条之美是有所不同的。如前所述，“美的线条”是中国和英国的景观学派发展起来的重要美学范畴。它不仅仅是关于纤细的形式，还关系到了设计中的品味问题。显然，英国人偏好的蛇行线条是对自然美的模仿，而中国的曲径回廊是对天性的表现。我们可以将这些线条的复杂的美学处理方法描述为迂回的形式，并从以下三个方面去分析。

首先，作为一种艺术形式和装饰媒介，对美的线条的喜好是一种来自自然（自由）形式的品味。这些线条通常是小径、回廊、边界、河道和植物等。曲折纤细的景观形式经柔和的设计手法与起伏的地形产生了共鸣。与几何形式相比，这种线条表现出的柔美品质很能引起人们对其魅力和神秘气质的兴趣。

其次，作为一种实用的设计工具，这种线条可以是客观实在的，但也可以是无形的空间的微妙联系，一种提示、一种不同的点之间抽象联系的视觉提示。随着蛇形线条移动或在曲折的路上前进，随着眼前风景随时随地地改变，人们会觉得一切都不是人工的而是道法自然的。这才是引导人们发现景观思想和创造享受的正确方法，随着空间丰富感的增加，一种无限感就会从一块有限的空间中油然而生。

最后，从心理学上讲，这种源自迂回形式的柔和美是一种有治疗作用的美学感受，流畅的线条让人想不停地追寻从而使人在活动中获得享受，特别是那些生活公式化的从事单调的生产劳动的人，在经历这种自然的空间感和温和的多样变化之后就会觉得无比自由和轻松自在。

然而，美丽的线条或如我们所说的迂回之形式，需要其交流的媒介来展示它的美学价值，并体现其设计意义。这种媒介就叫作交流的形式。

六、交流的原则

就观察的方法而言，我们欣赏细致入微的和“被观察的观察者”的观察方法；对于作为前提的形式，我们强调功能的、自然的和周围环境形式之间的相互影响；对于不同环境塑造元素的布局，我们注重组合的形式；在处理边界和内部空间时，我们研究展开的形式并强调空间的延伸感；在处理柔和感与线条的美感之时，我们研究迂回的形式。在所有这些形式中共有的是一种交互式的联系方式，这便是景观的脉络机体，一个有生命的整体的形式，我们称之为“交流的形式。”

这种交流的内容是统一性，是组成部分之间相互依赖的关系和不同环境特征之间的联系，因为，任何一个环境都是由“呼吸”“血液”和“经脉”来连接“身体”不同部分以使之具有生命和功能的。可以说，天、地、人三位一体是优良环境的本体，是人为和自然过程中一组事物的整体结合。这其中，“气”有着广泛而重要的价值和意义。作为环境设计的交流媒介，“气”在场所中无处不在，其通过外观形象、联想、视觉效果甚至声音、气味和颜色传递着信息。不论这种交流是直接的还是间接的、微妙的或简单的，它都为成功地使用包含了以上所有形式方法的设计语言提供了和谐的环境。

因此，我们认为交流的形式是环境设计哲学的一部分，是人类的才智对设计思想形式的一个总结。

七、可持续发展原则

环境艺术设计要遵循可持续发展的要求，不仅不可违背生态要求，还要提倡绿色设计来改善生态环境。另外，将生态观念应用到设计中时，设计者要掌握好各种材料特性和技术的特点，根据项目的具体情况选择合适的材料，尽可能做到就地取材，节能环保，充分利用环保技术使环境成为一个可以进行“新陈代谢”的有机体。此外，环境艺术设计还应具有一定的灵活性和适应性，为将来留下更改与发展的余地。

八、创新性原则

环境艺术设计除了要遵循上述设计原则以外，还应当努力创新，打破大江南北千篇一律的局面，深入挖掘环境的文化内涵和特点，尝试新的设计语言和表现形式，充分展现出艺术的个性特征。

第四章　环境艺术设计的工作方法

设计是一项有目的性的、人类特有的创作活动，它是将灵感、创意、联想、模仿等感性化因素与抽象、比较、思考、策划等理性因素紧密结合的工作。环境艺术设计具有各设计行业所拥有的共性，同时，在我国，作为一个新兴的设计领域，环境艺术设计是与人们日常生活关系最为密切的设计工作之一，它从经济、文化、艺术、工程、科技等多角度出发，为现代社会的人们提供了更加科学化、艺术化的环境设计，从而可以更好地利用环境，提高人类的生活质量。

环境艺术设计是一个复杂的过程，是多领域、多学科、多感官的综合表达，同时它也是一项实践性很强的工作。要成为合格的环境艺术设计师，除了具备扎实的理论基础和基本功外，还必须掌握并灵活运用设计工作的基本程序和方法。

第一节　设计程序

一、设计准备

设计准备阶段是一个设计项目的初始步骤，也是十分重要的设计程序之一。多数情况下，在准备阶段，并不会立即着手进行图纸上的正式方案设计，而是会对项目进行整体思考和深入分析，其中包括对项目背景的分析，对项目投资者、使用者的需求分析，对项目所在地的自然、文化、民俗等影响因素的分析，对空间的整体分析，对相关设计资料的收集和筛选等，这些都是有效完成设计工作的重要前提。

（一）项目使用者信息分析

在项目前期策划过程中，对项目未来使用者的分析和研究十分重要。在环境空间中，人是最本质的要素之一，特别是在室内环境中，功能感受的舒适与否，空间内涵、文化的融入与否，人与环境品位的符合与否，对视觉环境的接受与否，都是对一个“环境”设计成功与否的评价标准，这些都将是设计落笔前所需要做的重要“功课”。

1.使用人群的功能需求

研究使用人群的功能需求就是要对设计项目未来要服务的使用人群进行合理定位,分析这些人群可能有哪些行为特点、活动方式,以及对空间的功能要求,并由此决定在环境设计中应设置哪些功能空间，以及这些功能空间在设计方面的要求。这里我们以两个不同类型的酒店室内空间为例来进行说明。

五星级商务酒店。这类酒店所接纳的人群为高端商务人士，他们在这里主要进行的是高端商务会议、商务活动、商务聚会、企业年会、研讨会及发布会等活动。这些人群需要的功能空间包括商务会议厅、多功能厅、展览、酒店公共大堂、餐厅、客房、休闲和健身等场所。进一步细分每一个功能空间，又可以发现商务会议厅根据不同的会议人数有大有小；多功能厅的设计要能满足不同类型的商务会议及活动，并考虑到同时组织一家以上商务活动时对空间的要求；酒店公共区域要安排接待台、免费等待区、消费性大堂吧；展览、展示区要有实物性展示和虚拟展示场所；餐厅要包括日式、韩式、中式、西式等多种类型的餐厅及料理，以适应各种口味客人的饮食爱好；客房除了要拥有普通酒店客房的基本功能外，还需要专为商务人士提供工作空间、交谈空间。高端的商务酒店还要提供诸如游泳池、桑拿、健身、各种球类设施、酒吧等休闲娱乐场所。由此可见，目标人群的定位直接决定了商务酒店在功能上要有别于普通的住宿酒店。

时尚驿站式酒店。这一类型的酒店在形式上以连锁店居多，酒店的规模不大，但地段较好、交通方便，价格则远低于五星级高档酒店。酒店所面向的人群多为较年轻的白领，他们通常只需要酒店为其短期旅游、探亲访友、普通的公务出差等活动提供舒适、卫生的休息住宿环境，而不会把这里作为工作、会谈、会议的场所。因此，在驿站式酒店中通常没有大规模的会议空间、餐饮空间、休闲娱乐空间。同时针对目标人群的特点，驿站式酒店无论是在建筑外立面还是在室内空间的环境设计上都追求现代、时尚、简洁、节约、舒适，从而确立了与五星级酒店截然不同的风格。

从以上两种完全不同的酒店中我们不难看出，对使用人群功能需求的分析是十分重要的，这些分析都是在设计落笔前要思考清楚的问题。一个设计如果不能做到“按需设置”，连基本功能都不能满足，或者强行加入不需要的功能，即使它设计得再“好看”，也绝对不能算得上是一个成功的设计。

2. 使用人群的经济、文化特征

这里所说的经济与文化层面的分析，是指一个空间未来所服务人群的消费水平、文化水平、社会地位、心理特征等。之所以对这一层面进行深入而细致的分析，是因为环境艺术设计不仅要满足人们的物质需求，还应创造出满足人们精神享受的空间环境。

继续以酒店为例。一个高端的五星级商务酒店，在这里活动的客人大多是拥有一定工作经验、相对较高的职位、较好的经济基础、较高的学历和文化修养的人，因此在设计此类酒店室内外环境时就需要精心打造高品质、高品位、高标准、高服务的星级酒店的水准。无论是室内环境设计中材料的运用、色彩的搭配、灯光的调和，还是界面的处理都要适应这类人群的心理需求。而一个时尚驿站式酒店，它的消费人群主要是都市年轻的人士，他们时尚、前卫、风风火火、有朝气，为这类人群设计酒店时应当充分考虑住宿的舒适、方便，注重设计元素的时尚感和潮流性，突出个性和创新。与五星级酒店强调豪华、气派不同，时尚驿站式酒店不一定要使用昂贵的材料与陈设，因为使用人群很少会去关注墙面或脚下大理石的价钱，他们更感兴趣的是酒店所渲染的时尚氛围和生活方式。

3. 使用人群的审美取向

在设计之前，对使用人群的总体审美取向有一个整体上的把握也是十分重要的。“审美”是一种主观的心理活动过程，是人们根据自身对某事物的要求所作出的看法，它受所处时代背景、生活环境、教育程度、个人修养等诸多因素的影响。审美取向的分析主要以视觉感受为主体，包含了空间的分割、界面的装饰造型、灯具的造型和固有色、光环境、室内家具的造型、色彩及材质、室内陈设的风格、色调等。分析使用人群的审美取向就是要满足目标客户人群的审美需要，这种满足不是设计师无目的的迎合，而是在了解、研究人群需求后做出的符合他们审美要求的设计决策。例如，艺术家的个性张扬、官员眼中的得体、商人们追求的阔气、时尚人士崇尚的奢华、西方人眼中的海派弄堂，这些都是他们眼中的美。因此，在环境设计的前期调研、分析中，慎重、准确、有效地分析判断使用人群的审美取向对于整个设计得到认可有着重要的意义和作用。

（二）项目开发者信息分析

1. 与开发商有效沟通

环境艺术设计师在设计工作中的沟通是很重要的。在沟通与交流的过程中，客户会通过表情、神态、声音、肢体语言、文字、语速等诸多方面，传达出自己的思想、表现出自己对事物的好恶。这样设计师就有机会充分感受或觉察到对方的主观态度、关注的重点、做事的目的、处世的方式等，而这些对后面的设计工作来说都是宝贵的有效信息。

环境艺术设计在具备多学科交叉的特征之余，还带有十分强烈的商业性。诸如展示设计、店面设计、餐厅设计、酒店设计等这些细分的环境设计更经常性地被称作“商业美术”。其商业性表现在两个方面：对于设计者而言，这种商业性就是获取项目的设计权，用知识和智慧获取利润；而对于开发商而言，则是通过环境设计达到他们的商业目的——打造一个适合于项目市场定位和针对目标客户的环境空间，使客户置身其间，体验到物质、精神方面的双重满足感，心甘情愿地为这样的环境“埋单”，从而使商家从中获得商业上的营利。因此，与开发商的良好沟通，有利于设计者充分了解其对项目的需求，了解开发商真实的商业（或政治）意图和客户心中对项目未来的想象，这样才能创造出符合市场定位，能为项目商业目的服务的环境艺术作品。

2. 分析开发商的需求和品位

经过与客户的有效沟通后，项目设计者接下来的任务就是对在沟通中获得的相关资料进行认真的、理性的分析。

（1）分析开发商的需求

对开发商的需求分析主要包括两个方面：其一，通过沟通，分析出开发商对该项目的商业定位、市场方向、投资计划、经营周期和利润预期等商业运作方面的需求。例如，同样是餐饮业，豪华酒店、精致快餐、异国风味、时尚小店、大众饭店等都是餐饮业的表现形式，但一旦投资者确定了一种定位和经营方式，那无论从管理模式、商品价位、进货渠道，还是环境设计等任何一个方面都需要符合对它做出的定位。在此时，设计师需要更多地从商业角度去分析并体会投资者的这种需求，从而制定出环境艺术设计的设计策略，考虑在设计中将如何运用与之相适应的室内环境设计语言，最终创造出一个完全符合投资者合理定位的室内外环境。其二，通过沟通，分析投资者对项目环境设计的整体思路和对室内外环境设计的预想。此时，设计师将以“专家”的身份提出可行性的设计方案，方案需要兼顾项目的商业定位和室内外环境设计的合理性与艺术性原则，还需要考虑到投资者对项目环境的期望，包括对项目格调、设计风格、设计材料和设计造价的需求。

（2）分析开发商的品位

“品位”一词已成为当今潮流中被提及最多的词汇之一。无论是时尚界、地产界、餐饮界、服装界、汽车界还是食品界，每个行业都在以“品位”为噱头，标榜“品位”。其实，品位抛去时尚的外衣，实质应当是一个人内在气质、道德修养的外在体现。

对开发商品位的分析并不是要片面地对投资者“本人”进行调查、分析，而是希望通过沟通，感受到投资者乃至整个团队的品位，从而判断出投资方在项目环境艺术设计上的欣赏水平。这种判断和分析对于设计师不是最终目的，目的是要在了解开发商品位的前提下，分析业主对该项目环境的个人主观意愿及期望。但同时，设计者有义务在投资者主观意识偏离项目整体定位的情况下，建议开发商适当地调整自己的思路，让设计团队以专业的设计技术来达到更高的环境艺术设计标准。

在此需要指出的是，作为一名专业环境艺术设计师，要具有专业精神和职业素质。在考虑投资者的要求，满足他们对项目环境设计期望的同时，以积极的态度对待环境艺术设计，要科学而客观地分析设计可能达到的效果和实施的可行性。当遇到投资者的意愿阻碍到了设计效果的实现时，作为设计师有义务在充分尊重投资者的前提下，以适当的方式提出建设性的意见，并说服业主。

（三）项目环境分析

在环境艺术设计项目设计之初，需要对室内外环境进行诸多的考察、调研和分析。这种分析包括对项目所在地自然环境、人文环境、经济与资源环境，以及周边环境的分析。这些分析将使设计更加适合场地，更加具有当地的人文特征，也更加有“文化性”。

1. 自然因素

每一个具体的环境艺术设计项目都有其特定的所在地，而每一个地方都有其特有的自然环境。不同的自然环境往往会赋予环境设计独特的个性特点。在一个设计开始进行时，需要对项目所在场地及所在的更大的区域进行自然因素的分析。如当地的气候特点，包括日照、气温、主导风向、降水情况等，基地的地形、坡度、原有植被、周边是否有山、水等自然地貌等，这些自然因素都会对设计产生有利或不利的影响，也都有可能成为设计灵感的来源。

2. 人文因素

每一座城市都有属于自己的历史、文化印记，辉煌的古代帝王都城、宜人的江南水乡、曾经的殖民租借口岸、年轻的外来移民城市……不同城市因其独特的演变和发展轨迹孕育出了不同的地域文化，形成了不同的民风民俗。所以，在设计具体方案之前，有必要对项目所在地的历史、文化、民间艺术等人文因素进行全面的调查和深入的分析，并从其中提炼出对设计有用的元素。

3. 城市经济、资源因素

对城市经济、资源因素的分析包括城市经济的增长情况、经济增长模式、商业发展方向、城市总体收入水平、城市商业消费能力、城市资源的种类、特点，以及相关基础设施的建设情况等的分析，这些因素对项目定位、规划布局、配套设施的建设都有一定的影响。

4. 建成环境因素

对景观设计项目而言，建成环境因素是指项目周边的道路、交通情况、公共设施的类型和分布状况、基地内和周边的建筑物的性质、体量、层数、造型风格等，还有基地周边的人文景观等。设计者可以通过现场踏勘、数据采集、文献调研等手段获得上述相关信息，然后进行归类分析。这是在着手设计方案之前必须进行的工作。

对室内环境设计项目而言，建成环境的分析主要是指对原建筑物现状条件的分析，包括建筑物的面积、结构类型、层高、空间划分的方式、门、窗、楼梯及出入口的位置、设备管道的分布等，对原建筑的分析越深入，在以后的设计中才越能做到心中有数，少走弯路，提高方案的可实施性。

（四）设计定位

项目设计者需要在进行具体设计实施之前对将要操作的项目做一个整体的设计定位。这里所说的定位主要是指设计想要塑造的整体风格和由此产生的视觉效果和心理感受。例如，设计酒吧时，设计者可以有多种设计定位，如精致的、粗犷的、复古的、后现代的、情调的、自然的、炫酷的等。而同样一种定位的酒吧在室内环境设计的具体手法上也不尽相同。因此设计者在着手设计之前应该确定项目的整体设计风格，在这个原则下再进行空间的设计、材料的选择、色彩的搭配，以及陈设的配置，从而保证环境艺术的整体性和协调性。

（五）相关设计资料的收集

1. 现场资料的收集

（1）场地体验

尽管借助现代地理信息系统技术就可以使我们可以坐在办公室里就能从不同层面认识和分析远在千里之外的场地特征，尽管凭借建筑图纸就可以使我们建立起室内空间的框架和基本形态，但设计师对场地的体验和对其氛围的感悟是任何现代技术都无法取代的。这就要求设计者必须进行实地观察，亲身体验场地的每一个细节，用眼去观察，用耳去聆听，用心去体会，在实地环境中寻找有价值的信息。我们在场地中能听到的，嗅到的，以及感受到的一切都是场地的一部分，都有可能对项目产生影响，也都有可能成为设计的切入点甚至是亮点。因此只有通过实地的观察，我们才能获得最宝贵的第一手资料，真正认识场地的独特品质，把握场地与周围区域的关系，从而获得对场地的全面理解，为日后的设计打下基础。场地体验过程中可以用拍照、速写、文字的形式记录下一些重要信息或当时的体会。在条件允许的情况下，还可以在项目过程中进行多次现场体验，作为不断修正方案的依据。

（2）实地参观同类型项目的室内外环境设计

通过对一些已建成项目进行分析，从中汲取“养料”，吸取教训。在实地参观之前应该做好前期准备工作，尽可能收集到这些项目的背景资料、图纸、相关文献等，初步了解这些项目的特点和成功所在，只有在此基础上进行实地考察才能真正有所收获，而非走马观花，流于形式。

2. 图片资料收集

相关资料的收集包括设计法规和相关设计规范性资料，以及优秀设计资料的图片及文字、项目所在地的文化特征图片、记录地区历史及人文的文字或图片。图片资料在前期准备阶段可以为设计工作提供创作灵感。在现代网络时代中，通过网络和书籍可搜寻到全国各地、世界各地的相关类型的设计资料，以节省逐一现场参观的时间，也可以领略到各国、各地的设计特色，作为对即将操作项目的启发。

二、方案设计

方案设计是环境艺术设计程序中最重要的内容之一。在方案阶段中按照方案的深入程度把它分成概念设计阶段和深化设计阶段。

（一）方案概念设计

方案的概念设计是从整体的角度思考环境间关系的阶段，它包括了对环境艺术设计方案的立意、构思、设计理念确立，以及对环境空间的宏观设计。在这个阶段中不必过分关注环境中的诸多次要矛盾和每一个细节，而是要首先确立一个符合项目特点、立意恰当明确的设计理念。同时，在概念设计阶段还需要着重把握整体功能布局，保证使用者的功能需求，并从宏观角度准确划分各功能空间。这一阶段中的设计图纸大都采用概括式的表达方法。

（二）方案深化设计

方案深化设计是在设计理念确立、设计立意和构思相对完整之后，对概念阶段的方案进行的深入设计。在这个阶段中，主要是要对室内外环境的平面布局做深入的设计和反复的调整，在调整过程中不断推敲和完善设计方案。这一阶段是设计的基础，是反复完善设计方案的设计过程。

三、设计扩初

在方案主体基本完成后，设计就进入了扩初阶段。设计扩初主要是针对平面布局的进一步深化和确定，同时，与负责机电的专业技术人员沟通、交流，不断修改和完善空间的顶面（针对室内环境）、立面。在这个过程中设计方案随着修改和调整不断深入、细化。

四、施工图设计

施工图设计阶段是对设计的未来实施详细的设计。在这个阶段中，图纸需要详细到每一个具体尺寸。平面、顶面、立面、节点都需要详细到每一处的尺寸标注，同时，需要确定材料及具体的施工方法。施工图的准确与精确程度直接影响到了项目的实施和最终的效果。因此，在施工图纸设计阶段，要充分了解设计规范，严谨地对待设计中的每一个细节。

五、设计实施

设计实施阶段是一个将设计图纸转化成真实室内外环境的实施过程。在这个过程中，工程的技术人员和建筑工人将按照图纸的精确尺寸和制作方法进行施工。设计师的设计图纸虽已基本完成，但仍然肩负着局部调整设计图纸和施工现场配合的重要工作。

局部图纸调整是指在整体施工图设计完成后，对于图纸中存在的局部设计问题，设计师与施工单位及投资方要及时沟通，进行局部的调整。调整的原因是多方面的，可能是技术因素、资金因素，也可能是场地或建筑本身因素等。这个阶段的施工图纸不会做全盘推翻式的重大改动，但局部施工节点等图纸的改动依然是设计实施阶段中不可避免的现象。

现场配合是指在项目施工进程中，设计师需要经常到施工现场，把控设计方案在施工过程中的整体效果和细节，当施工图纸与实际施工现场出现差别时，则需要在现场进行技术性的设计修改。

第二节　设计方法

上一节介绍了环境艺术设计的基本设计程序，从中可以看出设计是一项千头万绪的工作，初学者往往会觉得无从下手。其实，看似复杂的设计工作，只要掌握了正确的设计方法，就会变成充满趣味而愉快的创意过程。这一节将着重探讨环境艺术设计的设计方法。

一、设计思考方法

思考方式的正确与否直接影响着设计的发展方向和全过程，掌握正确的设计思考方法是培养良好设计习惯和提高设计能力的基础和前提。环境艺术设计的思考方法主要有以下几点。

（一）意在笔先、笔意同步

1. 立意是设计的“灵魂”

意在笔先原指创作绘画时必须先有立意，即深思熟虑，有了“想法”后再动笔。这种意与笔的关系同样可以运用到环境艺术设计的领域中。立意是确定创作主题的意念，设计的立意影响着设计的发展方向，把控着环境艺术设计的思想内涵。因此，一个好的立意往往能使一个环境空间达到很高的境界，并使人们对环境空间产生无限的遐想和回味。立意是环境艺术设计师全面细致、深入有序地对环境设计的各个因素进行分析调查研究后的结果，而非凭空想象。

在环境艺术设计中，设计的立意对整个项目的设计至关重要。可以说，一项设计，没有立意就等于没有“灵魂”，一个准确的、新颖的、适合的项目立意将在战略上决定这个项目的成败。

2. 手脑并行

设计构思是一个连贯的过程，需要将大量的抽象信息在一定时间内转换成形象语言并快速记录下来，这就要求设计者能够手脑并用，边构思边动笔，在思考的同时，手在纸上不停地勾勒出构思草图，把思想快速转化成有价值的符号和信息，通过线条、形体、空间的勾画，给设计者提供可创意的灵感。这就是所谓的笔意同步。这个方法十分有助于在设计前期构思、方案探讨过程中逐步明确立意、构思，是初学者应尽快掌握的设计方法之一。

（二）大处着眼、细处着手

1. 大处着眼的整体意识

环境艺术设计必须树立全局观念，从大处着眼，把握住整体关系。例如，在室内环境设计中，首先应考虑整个空间、整体界面、整体色调、整体风格、整体意境的相互协调关系。这种协调类似于绘画中“起稿”的概念，先勾勒出一个总体的“轮廓”并反复推敲，在确定一个相对完善的总体方案之后，再进行下一步的具体设计。这样才能有效避免方案整体杂乱无章或挂一漏万，出现重大方向性的错误。

2. 细部着手的细致刻画

细处着手是指进行具体设计时，必须根据环境的使用性质、使用特点深入调查、收集信息，从最基本的人体尺度（人体工程学）、人流动线、活动范围和活动特点、家具与设备等的尺寸，以及使用它们所必需的空间着手。同时，需要分别针对每一个具体的空间和空间界面进行设计，大到一个主要立面，小到一个顶面的脚线处理。细处着手能够让每一个部分都有完善的细节，细节是最能体现品质的设计亮点。

3. 整体与细部兼顾

“大处着眼”“细处着手”，整体与细部兼顾，这要求设计师具备从整体到局部的观念，善于整合整体和细部之间的关系，在“整体”观念的指导下把控全局。例如，在设计室内环境时，首先要处理的是空间的功能布局、空间的组合、空间的流线、空间的动势、整体室内环境的基调和风格，之后才是某一个界面如何深入、具体选择哪些种类的材料、用什么色彩，最后是在空间定型后如何为整个空间配置室内陈设。而在室外的环境设计中，首先要运用全局的思维方式做好场地的规划，完成功能区域的划分、设置道路等宏观设计，在整体设计完善之后，再对植物配置、建筑小品、环境设施、地面铺装等景观细部节点进行仔细推敲。当然，在设计过程中，许多细节都会对整体环境效果产生重大影响，如家具、灯具、软装饰、艺术陈设品的选择能够直接影响到室内环境的整体效果，而景观设施的造型、色彩、地面铺装的材料、图案的设计也更能够体现出环境设计中的人性化。因此在设计时应注重两者兼顾，并做出及时调整。

（三）从里到外、从外到里

建筑师依可尼可夫曾说："任何建筑创作，应是内部构成因素和外部联系之间相互作用的结果，也就是'从里到外''从外到里'。""环境"包含了室内环境、室外环境，以及室内与室外环境的连接过渡。环境艺术设计则是包含了对室内环境、室外环境的系统设计。室内环境的"里"和与之相连接的其他室内环境，以及建筑室外环境的"外"，它们之间有着相互依存的密切关系，这是一种相互制约、相互连接、相互影响、相互促进的关系。因此，我们在进行环境艺术设计时，需要从里到外，由外到里地多次反复协调、反复推敲，充分完善各内部环境之间的协调与内外部空间之间的协调，使整个环境设计更趋完善合理，做到让室内环境、建筑、景观之间形成性质、标准、风格、格调等多方面的协调统一。

二、图解思考

图解法主要有框图法、区块图法、矩阵法和网络法四种方法，其中框图法（又称为泡泡图解法）最常用。框图法能帮助设计师快速记录构思、解决平面内容的位置、大小、属性、关系和序列等问题，不失为环境艺术设计中一种十分有用的方法。

泡泡图的绘制十分随意，设计师可以用任意形状的泡泡大致表示不同的空间用途，这些空间用途是根据区域划分原则和通道分类组织的。这些互成比例的泡泡可以表示每个区域的相对大小和重要性。距离和连线表示了区域间和活动间的关系。箭头表示的是出入口及大致的通道样式。场所和朝向的各种信息也可以在图中表示出来。在设计过程中可以多次重排泡泡，从各角度分析区域间、活动间的关系。

明确了各项内容之间的关系及其强弱程度之后就可以进行具体的平面布局和设计了。在平面布置时可以先从理想的分区出发，然后结合具体的条件定出方案。也可以从使用区着手，找出其间的逻辑关系，综合考虑后定出平面布局。

三、多方案比较

（一）多方案比较的必要性

“多方案构思”的设计方法是环境艺术设计中重要的设计方法之一。中学的教育内容与学习方法在一定程度上养成了我们认识事物、解决问题的定式，即习惯于方法和结果的唯一性与明确性。然而，对于环境艺术设计而言，认识、解决问题的方式和最终的结果都可能是多样的、相对的、不确定的。这是由于影响环境艺术设计的客观因素众多，同时，在认识和对待这些客观因素时，设计者任何细微的侧重和设计喜好都会导致不同的方案对策，只要设计者没有偏离正确的环境艺术设计观，所产生的任何方案就没有简单意义的对错之分，而只有对设计的理解和设计水平的优劣之分。

多方案比较的方法也是环境艺术设计的目的性所要求的。无论是对于项目的设计者还是建造者，方案构思都是一个过程，其最终的目的是取得一个尽善尽美的、可实施的方案。然而，如何去获得一个理想而完善的方案，这就需要我们在反复的、多方案比较的构思中寻找。由于一切事物都有它的相对性，要求绝对完美的设计方案并不很现实，但我们要在一定的范围内尽可能地去寻求相对完美的设计方案，而唯有多方案的比较才是实现这一目标的可行方法。

多方案比较的过程中需要民主、客观的态度。要让设计项目的使用者和管理者真正参与到环境艺术的设计中来，体现出环境艺术“以人为本”的特征。在多方案比较中，要使得对各个方案的分析、比较、选择的过程成为真正的可能，而不要只流于形式，为了有比较而比较。在参与多方案的构思中，不仅仅要评价多个设计方案，更重要的是要从这些方案中提出问题、发表见解，比较的关键是“解决问题”，要最终能在多方案中寻找到最适合的环境艺术设计方案。

（二）多方案比较的原则

在进行多方案比较的过程中，多方案比较应该满足一定的原则。

首先，方案的数量。在多方案比较中，应有足够数量的方案。这时的方案可以是构思形式的，也可以是略微深入设计的，甚至可以是简单概念式的。提供数量相对较多的方案可以保证方案的可比性和科学选择所需的足够大的范围。

其次，方案的多样性。在备选的方案中应包括从多角度、多方位、多切入点来审视项目的方案，使多个方案中可以选择的内容更加丰富。

另外在环境艺术设计中，无论是室内环境还是室外环境，设计方案的提出都必须以满足使用功能与要求为前提，否则，再多的创意，再多的设计构想也没有意义。因此，在方案的构思过程中，应该随时进行必要的筛选，随时否定那些不切实际、不具有可实现性的方案构思，以免在设计的创意和构思中浪费宝贵的时间。

（三）多方案比较与优选

征集了各类型方案后，就可以进行方案的分析比较，从中选择出理性的、有可操作性的、具有发展意义的设计方案。对方案的比较和优选应遵循以下原则：

首先，参照设计要求，有针对性地考查方案是否符合业主的需求和规划部门对项目的要求，是否满足基本的功能要求、环境需求、安全要求等，这是鉴别一个方案是否合格的基本标准。一个方案无论其构思如何具有特色和个性，如果不能满足业主的需求，不能满足基本环境的使用功能，不符合规划的规范要求，都不能算是一个成功的设计作品。

其次，比较方案特色。一个好的环境艺术设计方案应该在功能上是合理的，在形式上是美观的，那些缺乏创新和特色的环境设计方案将会是平淡乏味，难以打动人的，也是不值得选取的。对于那些盲目照搬、抄袭的设计，更是应该在方案的筛选阶段就直接选择放弃。

最后，判断方案的可修改性。在多方案比较中，需要考虑到方案是否具有调整和修改的可能性。虽然任何方案或多或少都会有一些缺点，但有的方案的缺陷尽管不是致命的，却不容易做小幅度的调整，如果彻底调整，就有可能丢失掉原有方案的特色和优势。选择此类方案时，要对其修改的难度有足够的认识和重视，以防留下隐患。

第三节　设计表达

设计表达同样是环境艺术设计中的一个重要的环节。设计方案的理念、思路、功能、形象都是通过视觉的感官传达给人的大脑的，人可以通过这种直观的感受了解功能的布局，明确装饰的形式，“读懂”方案的内涵。设计方案表达是否充分、是否得体，不仅关系到方案设计的形象效果，还会影响到方案的社会认可程度。根据目的的不同和所要表达的方式的不同，可以将表达形式分为以下几类。

一、图纸表达

图纸表达一般会根据设计的不同阶段和内容采取不同的表达方式，主要包括方案草图、手绘效果图、电脑效果图和施工图。

（一）方案草图

方案草图是在设计构思之初在图纸上的“勾勾画画”，是设计师寻找灵感、打开思路的开始。草图并不是最终的成稿，通常也不会提交给业主，它是设计者用来记录思维过程，反复推敲设计方案，和设计团队相互沟通的一种方式。正因为如此，草图不需要刻画设计的全部细节，而只需重点表达整体的构思、空间关系和造型创意等。当然，如果在一个设计方案中设计师的目的就是要突出某个创意性的细节，运用这个细节来作为整个设计的亮点，那就需要在草图的图纸上清晰而适当夸张地去刻画这个设计部分。

草图的表现方法很多，用铅笔、钢笔、针管笔、马克笔、彩色铅笔等工具都可以绘制草图。无论采用何种表现技法，重要的是能快速地表达出头脑中一闪而过的想法，而不必拘泥于线条的描画和图面的美化。

（二）手绘效果图

在初步方案完成之后，为了能更加清晰地表达出设计的主要内容和关键点，设计师往往需要绘制相对详细的手绘效果图。手绘效果图的作用之一在于帮助设计师更清晰地认识空间，发现空间设计中的不足，发现设计中的比例与尺度中所存在的问题，以便于进行深化设计和必要的修改。同时还有助于设计团队之间更好地沟通设计方案，发现问题和不足。手绘效果图的作用之二在于，大多数业主都没有相关专业背景，很难通过阅读平面图、立面图等专业性较强的图纸想象出空间的形象，而手绘效果图则能较为直观地、形象地反映出空间的特点和设计的意向，帮助业主理解设计师的意图，进一步促进两者之间的沟通。手绘效果图的优点在于工具简单、绘制迅速、易于携带，能够将设计的方案直观地表达出来，但它的缺点在于，线条、颜料、马克笔等工具绘制的效果图缺乏真实性，对于非专业人士来说，还是不容易准确把握未来空间的真实形式。

手绘效果图的表现方法也很多，可以利用铅笔、针管笔、马克笔、彩色铅笔、水彩、水粉、透明水彩、色粉等诸多材料来表现。在表现方法上可根据不同的表达目的突出重点，比如可以侧重表达环境空间，表现色彩的对比关系，还可以侧重渲染整体气氛或强调某个独具特色的结构创意。手绘效果图是环境艺术设计专业的重要专业技能，手绘技术的熟练和能力的好坏会直接影响到设计者能否顺利的用“图纸”的语言表达出自己的设计意图。

（三）电脑效果图

电脑效果图是当前环境艺术设计行业中运用最广泛、最流行的设计表现方式。因其表达效果较真实，因而无论是专业人士还是项目的业主或投资商，以及其他非业内人士，都能够通过效果图的模拟场景想象到未来的真实环境。但是，当前的电脑效果图也越来越趋于细化，有的倾向于尽可能地展现一个真实的环境空间场景，对场景中任何细节都力求真实再现；有的则更倾向于用较为概念和抽象化的效果。设计者可根据不同的需要来选择不同的方式。例如，在家装项目设计中，所面对的业主大多不是从事设计的业内人士，而且他们十分关注自己未来的“家”是什么样子，这种情况下采用真实性较强的效果图更适合他们了解设计的最终效果。而在一些国际竞赛或概念性设计项目中，采用概念性、模型化的电脑效果图则更能充分表达出设计者对环境、建筑、空间的本质的思考和设计意向。

（四）施工图

无论是草图还是效果图，都是方案阶段的表达方式，要进一步深化设计并将方案转化成直接指导施工的图纸，这就需要设计师具备绘制施工图的能力。

准确地说，施工图绘制是从项目的初期一直延续到项目施工完成的技术性工作。如果说设计草图或效果图可以带有一定的艺术性，其线条、笔触、构图、色调可以在一定程度上反映设计师的绘画功底和艺术修养，那么施工图则强调的是准确性和规范性，从图幅尺寸、版式、线条类型到标注方式、图例符号等都必须严格遵守制图规范，不能随意发挥和臆造。目前施工图基本上都是用电脑来绘制的。

二、模型表达

这里所说的模型是指环境艺术设计的实体模型，因其具备直观性、实体性、可触摸性和真实性等表现优势，在建筑设计、城市规划、环境艺术设计等专业领域中被广泛使用。

（一）方案研究性模型

方案研究性模型的主要用途是分析研究设计方案、表现设计成果。环境艺术设计有很强的“过程性”，不同阶段设计任务各有侧重。由此，可以将方案研究性模型的制作分为两个阶段。

在构思阶段，模型可以没有任何具体的形态，只有几个或若干个点、线、面、体所组合成的构成关系。这一阶段的模型可以是对总体环境布局的整体规划，可以是对建筑形态的粗略塑造，也可以是对若干个建筑之间空间位置关系的推敲，还可以是室内环境中的整体空间形态研究。制作模型的主要任务是建立和推敲方案的整体关系，对于环境景观中的节点、建筑立面上的细节、室内空间中的细部都可以暂时忽略。

研究初期模型时，多以概念性的体块来表达设计概念，以便于推敲方案。当设计方案的整体关系基本确定后，方案需要进一步深入，这一阶段的方案研究性模型表现时也需要跟随着设计的进程，用三维的实体形式表现设计方案，以便对设计方案进行分析。

（二）展示性模型

展示性模型一般用于商业展示或者展览会（房产会）上，这一类环境艺术模型的主要目的是将环境艺术设计通过三维实体模型用十分直观的、具有一定艺术性的形式展现出来，尽可能真实地展示出设计的最终结果。这类模型需要注重场景中的每一个细节，从整体的规划到建筑立面造型，从场地的地形起伏到绿化水体，甚至于汽车、灯柱等配景，都尽可能地做到形象逼真。有些展示模型还会利用灯光、声效等手段进一步增强表现力。

三、文字表达

文字说明在设计中的作用是解释设计方案，就是将设计理念、功能设置、设备概况等诸多不能完全在图面上表达清楚的内容用文字的形式阐述清楚。文字表达主要包括以下三个方面。

（一）设计理念及构思的表达

设计理念往往是一个设计方案的灵魂和精髓，通常很难通过效果图表达清楚。而文字说明刚好可以弥补图纸的不足，通过精心组织的文字可以清晰地阐述设计理念和构思，使他人更好地理解设计者对该项目的设计意图。

（二）设计方案的说明

主要是通过简洁的文字清晰、明确地阐明项目的概况、设计内容、设计手法、技术性措施、材料设备、指标控制、造价估算等内容，是对整套方案的概括性说明。设计说明能帮助人们更好地阅读图纸、理解设计者的设计思路。

（三）设计感受的抒发

环境艺术设计是一项理性与感性交织、科学与艺术交融的创造性的工作。设计师在创作过程中既要进行严谨的分析、缜密的思考，还要投入个人情感、对生活的感悟和对艺术的理解。同时，环境艺术设计是一项系统工程，需要专业之间、部门之间和设计人员之间的密切配合，在这一过程中也会发生许多令人感慨的事情。因此很多设计师在完成一个项目后都会记录下项目过程中的点滴感受，在设计文本中抒发一下自己的体会。尽管记录这些感受不是设计文件所必需的，更不是环境艺术设计师必须掌握的，但从中我们也可以从另一种角度去了解设计的全过程，理解设计的本质。

四、口语表达

口语表达在环境艺术设计中虽然不算是一个最主要的内容，但在现代设计行业竞争中，当同等水准的设计方案呈现在业主面前时，谁更能够把自己的设计理念和设计创新点清楚而流畅地表达给业主，谁能够让业主在最短的时间内理解到自己设计方案的优势所在，谁就更有可能在竞争中获胜，由此可见口语表达的重要性。然而目前的诸多环境艺术设计相关教材中却很少涉及这方面的内容。在此将按照表达的场合和形式的不同，分别对其进行讲解。

（一）提案

1. 树立自信

信心是心智的催化剂，它可以转化成“无穷的智慧”。人可以在强有力的自信心的驱策下，把自己提升到无限的高峰。生活中需要自信心，工作中更需要自信心。设计工作者在进行项目提案时，更加需要充足的信心，相信自己的专业性和人格魅力，树立成功的信念。

2. 准备充分

正如我们经常所说的，机会总是垂青有准备的人。在进行正式的提案之前，需要在以下几个方面做好充足的准备。

第一，要尽可能充分了解你的听众。包括接受提案的客户、到场的评审专家和其他对提案感兴趣的听众。了解内容包括他们的人数、年龄、性别、身份、受教育程度、到会的目的、专业知识水平、主要关注点可能在哪里、所用的语言、对决策的影响力如何等。这将决定我们用一种什么样的方式来进行提案表达。

第二，要做到对提案中的每一个细节烂熟于心，要选择、制作最有效的视听辅助物，充分准备好所需的数据、列表、图纸、展板等材料，并按照介绍的顺序排列好材料顺序，避免在讲解时手忙脚乱，出现纰漏。

第三，精心组织要讲解的内容，注意语言的逻辑性和条理性。

第四，在条件允许的情况下，最好能根据自己的需要安排提案的场所，在一个熟悉的环境中有助于放松心情，发挥水平。

第五，充分调动团队的力量。提案的好坏直接影响着客户对团队整体能力的判断，因此在准备阶段每个成员都有责任和义务把工作做到万无一失，因为任何一个微小的状况也都可能引起提案者的心理波动，造成提案失败。

3. 过程

提案的过程是一个很严肃的过程，在这个过程中所说出的每一句话都需要经过斟酌，不能像在台下沟通时那样随意。在提案的过程中，要直奔主题，语言简洁，切忌东拉西扯，缺乏重点。提案人要熟知提案的每一项内容和所有资料的出处，尽管提案时不一定要逐一解释，但这样做有助于增强自信，从容应对各种提问。在提案过程中，切记提出自己专业上不能保证的承诺或建议，以免使自己陷入被动局面。还需要注意的是，提案时吐字要清晰，要能准确地表达出自己的意思，避免使用会产生歧义的词句和表达方式。随时关注听众的反映，随机应变，对听众关注的内容应当着重说明和解释，而对于一些细枝末节则可以一笔带过。

4. 注意细节

提案中的很多细节都会对提案的效果产生影响。首先，着装要得体。提案人是设计团队的代表，他的形象直接影响着业主和专家团对整个团队的印象。因此提案者的着装应简洁大方，端庄得体，传达给客户一种稳重的、可以信赖的、经验丰富的印象。其次，要注重礼节。一个有礼貌、讲究礼节的人会让人觉得有修养，更容易让客户产生尊重和信任感。最后，注意说话时的语速。在提案中，语速过快，容易造成业主跟不上说话的进度，不易理解提案人要表达的思想。语速过快，还容易让人怀疑提案人是否是过于紧张或是对项目不够熟悉，这都是对项目成功提案不利的因素。

（二）与客户交流方案

设计者与业主（投资者、使用者）之间的有效沟通对于设计工作的顺利、有效进行是很重要的。从设计前期调查到后期施工的整个过程都是业主和设计师在不断交流和沟通中一步步完善方案的过程。这种交流有别于正规场合下的提案，它贯穿整个项目设计过程中，形式也比较自由。

在与客户进行设计各阶段的沟通时，沟通者也要时刻牢记，自己所代表的是团队的利益和团队形象。在沟通时，要注意把握以下几个重要的因素：

首先，得到客户对“你”的信任。这里所说的信任不仅仅是要通过某种技巧来达到，而是在做人和做事的原则上让客户感觉到此人是可以值得信赖的。

其次，充分体现专业性。当今社会，分工越来越细，每一个专业都力求在自己的领域中体现出专业化。环境艺术设计行业对技术和艺术水平的要求都很高，在操作设计项目的过程中，对设计师的要求也十分高。任何一家投资者或使用者都希望有专业的机构或个人来操作自己的项目。因此，在与客户沟通项目设计方案和相关事务时，要体现出设计师的专业性，这种专业性对于促成项目合作、项目顺利进行都至关重要。当然，一个设计者专业素养的好坏，不只是通过好的沟通能力和沟通技巧来达到的，而是在长期的工作和学习中积累和形成的。

第五章　室内环境设计

第一节　居住环境设计

一、居住环境设计的历史演进

居住环境设计的历史演进与建筑的发展是同步的，两者在发展过程中是相互依存、密切相关的，因此两者之间的关系是非常密切的。居住环境设计的历史发展是一个特殊的研究课题，与建筑艺术、科学技术、文学的发展息息相关。

在早期，人类赖以生存的生存空间大多是由天然树木建造的自然洞穴、坑或原始空间，这些自然的内部空间毕竟是不舒服的，人们总是想象着为了生存而改变环境，因此，最早的居住环境设计活动，人类童年的“设计”显然是简单而天真的。然而，从目前的观点来看，人类早期的作品与后来的一些人工设计相比，其简单朴素的艺术形象更具魅力，并不断激励着我们产生创作灵感。

文明史创立以来，人类改造客观世界的能力不断提高，居住环境设计的历史也越来越丰富多彩，宗教的出现需要庙宇等活动空间，经过阶级差异，不可避免地会产生不同档次的卧室空间和进行社会活动的场所。如果人类想生产和交流物质产品，那么自然会需要各种各样的生产和商业活动的内部空间。

然而，人类活动空间绝不是一个简单的“容器”，而是一个更为抽象的内部空间的“精神功能”，所谓的“精神功能”是指为了满足人们心理活动的空间内容，人们经常使用“空间氛围”“空间风格”“空间兴趣”等术语，“空间个性”和“空间创造力”的阐释，本质上是一个空间艺术质量的问题，是衡量居住空间设计艺术的重要标准之一。

对于居住环境设计的历史发展过程，我们可以分为三个主要阶段进行研究。

第一阶段，早期人类解决技术问题和物质工具的能力极其有限，居住环境设计的成果大多体现在忽视人们的生活感受，只崇拜偶像和纪念空间的人之上，大量的墓葬和宗教建筑落在了居住环境的历史上，规模不合理，规模惊人，为了反映人们居住空间设计的时代观念，人们对纪念性居住环境的追求忽视了人的本性和对神的崇拜，与现代设计理念相去甚远，但从技术和艺术的角度看，这一时期居住环境的营造和处理为以后的发展奠定了基础。

第二阶段，享受生活的观念开始受到居住环境设计活动的重视，在东方，特别是在中国封建帝王的统治下，宫殿、庄园、别墅等内部空间的雕刻和彩绘，表现出了丰富的奢华感，虽然西方文艺复兴来得晚，但此后也出现了一股大趋势，社会财富的占用者开始建设教堂、庭院、别墅，这些都具有华丽的外观，居住环境也是极其华丽的。

而且，在工业革命前的几百年里，那些朴素实用的住宅居住环境的艺术风格往往比建筑、露台、亭台楼阁等更为实用，问题的关键在于对空间美的不同理解，一些住宅居住环境设计师注意到了空间的渗透，他们的作品告诉我们，人的生活空间不是孤立的，装饰是空间关系的补充，不是整个居住环境设计的补充，是创造居住环境，合理、充分利用空间，提高单位空间容量的元素，他们的作品也告诉我们，生活在地球上的人离不开大自然，过于封闭的居住环境既不美观，也不实用，不利于人们的生存。

经过不断的探索和实践，人们终于认识到居住环境是一种美化的物质环境，是艺术与技术的结合。生产力的发展、物质产品的相对丰富、社会文化水平的提高，必然会影响到居住环境设计观念的转变。

第三阶段，第一次工业革命为现代居住环境设计的发展，钢、玻璃和混凝土的使用，纺织品和其他工业产品的大规模生产，以及随后的合成材料的大规模生产开辟了道路，新材料和相应的施工技术极大地丰富了居住环境设计的学科内容和现代居住环境艺术的理论创新，随着实践活动的发展，其越来越完善，在 20 世纪 20 年代，一批勇于探索的设计师终于举起了现代居住环境设计的旗帜，同时，现代居住环境设计教育也在世界范围内得到了发展。

二、居住环境设计师的培养

（一）居住环境设计与建筑设计的统一

居住环境设计的基本目的是为人们创造一个舒适的工作和生活环境。现代居住环境设计是一种理性的创造性活动。人为自然（即人化自然，第二自然）是由自然科学、社会科学等多种因素构成的。室内环境艺术设计是技术与艺术（建筑师与艺术家）完美的有机统一，设计是技术与艺术的结晶。

从世界范围来看，北美、日本等现代建筑室内环境艺术的研究和发展在理论和实践上都取得了很大的进步，从只注重实践功能（第一代）到造型（第二代），再到整体环境（第三代），发展了协调的功能组织及其全面性，它涉及行为、生态学、环境心理学、人机工程学等多种学科，尤其涉及了对人类和自然环境的思考。

居住空间设计不是单纯的艺术欣赏，它始终与现实联系在一起，它的实现与工程技术密切相关，我们可以把环境艺术作为建筑、城市景观和城市规划的组成部分，或者把建筑作为环境艺术的组成部分，现代室内环境艺术是全面的，而多学科的交叉与融合构成了它的多层次的复杂性，我们可以进一步认识到，环境艺术是创造人类生存环境的一个综合性的艺术和科学的过程，因此，从文化内涵上应该更加深入，应该达到更高层次的物质文明和精神文明，具有更多的艺术特色。

室内环境艺术设计是复杂的，不同于其他艺术创作，一方面有丰富的现代技术、材料、工艺、照明变化等技术美的任意运用手段；另一方面，纯粹的艺术作品在艺术家自己物化后，依附于特定的环境，具有新的生命力，与环境适当结合，会显得更加辉煌，如壁画、雕塑、挂在墙上或天花上的艺术品以及家具、灯具、织物、家具等，其中许多来自建筑师、雕塑家、画家、工匠等，并与建筑环境的实际因素相辅相成。

因此，居住空间设计艺术必须与建筑材料、结构技术、装饰和施工相结合，这是环境艺术生存和实施的必要条件。正是由于工艺本身的巧妙运用，才达到了“技术和谐”，新的艺术创作极大地丰富了环境艺术的表现力和感染力，赖特的作品非常感人，因为他的设计使建筑充满了思想，即建筑整体空间环境的创造具有丰富的趣味性空间序列。

居住环境设计应该理解为一个完整的“空间环境艺术设计”，应该受到建筑师、居住环境设计师和艺术家的重视，因为这个“空间”挖掘的是空间环境最有潜力的地方，当然，装饰和家具也很重要，装饰是指墙壁隔墙、天花板、地板、门窗和设备表面的修整设计，在固定部分与此空间相连。装饰是指室内家具、灯具、织物、家具、绿化设计等可以移动的部分，两者都是居住环境艺术设计的基本要素，在各个方面都是相互依存、不可分割的。古人又分析了整个空间环境的艺术设计。居住环境艺术设计相同，装饰不复杂，展示不多，具有空间环境特征，具有生命力，这可能是居住环境艺术设计的魅力所在。

就居住环境的艺术设计而言，有必要找出它与建筑设计的关系。建筑设计是居住空间设计的基础，居住环境设计是建筑设计的延续、深化和发展过程，居住空间设计是整个建筑创作的组成部分，不局限于居住环境，但更多的是为人们提供各种舒适典雅的公共空间环境。事实上，居住环境设计自古以来从未与建筑设计分离过，在意大利文艺复兴的黄金时期，王冠艺术大师米开朗琪罗不仅是一位伟大的建筑大师，同时还是一位著名的画家和雕塑家。美国建筑师赖特创造了“流水别墅”，注重室内与室外的有机联系，他丰富的创作实践，尤其是居住空间设计，都是按照统一的整体空间概念进行的，有着灿烂的建筑居住空间设计语言，创造了“有机建筑”这一自然建筑，谱写了诗情画意的篇章，给人们以完美的艺术享受。

室内环境艺术设计是在建筑规划的大空间内进行的，但这并不意味着居住环境设计师只能被动地跟随建筑设计进行运行，而是要同步进行，特别是在大型公共建筑环境艺术设计项目中，项目主办方更加重视这一期间的设计合作，这是建筑设计成败的关键。从另一个角度看，即使在建筑设计完成后，居住环境设计师仍然可以发挥主动性和创造性，运用灵活的设计手法，完成一个良好的居住空间设计创作任务。我们可以增强内部空间的艺术表现力，深刻体现人与空间的主题。以此弥补建筑设计中的一些缺陷和不足，提高居住环境的视觉效果。

室内环境艺术设计与建筑设计的关系决定了居住环境设计师与建筑师密切合作的必要性。通过建筑设计规范和方法，可以更好地理解建筑师的意图。建筑师应了解居住环境设计的特点，为建筑设计中的居住环境设计创造良好的条件。“居住空间设计体现建筑风格”，只有建筑师和居住环境设计师的配合才能使整个设计成为一个有明确意图、合理空间的有机整体。

居住环境设计与建筑设计的相同点是：同样兼顾物质功能和精神功能，受物质、技术、经济条件的制约，必须遵循形式美的规律，考虑城市空间的尺度感，兼顾不同的方面。两者的不同点是：与建筑设计相比，居住空间设计更加细致，更注重触觉的心理（生理）效果，强调人的空间尺度，强调材质的质感、纹理效果和灯光色彩的运用等艺术美感。

因此，通过居住空间设计，建筑环境会更加细腻深入，居住空间设计具有这种特点，因为与外部空间、居住环境和人们的生活相比，工作关系更加紧密和直接，几乎所有的室内环境条件人们都是可以感受到的，这足以说明居住空间设计不仅要注重空间环境的整体效果，还要仔细考虑所涉及的所有细节，小心处理空间、材料、建筑和附件的各个部分。

居住环境设计师和建筑师，正如前面提到的，建筑师创造的是建筑的整体时空关系，而居住环境设计师创造的是建筑内部的具体时空关系，他们之间有着非常密切的关系。

作为一名合格的建筑师，应该对居住环境设计有深刻的了解，在设计完成后充分考虑居住环境效应，为未来的居住环境设计师创造条件。事实上，许多建筑师本身就是居住环境设计师，从而使建筑设计和居住环境设计成为一个有机的整体。

同样，作为一名合格的居住环境设计师，也应该对建筑设计有相当的认识。在进行设计之前，要充分了解建筑师的创作意图，然后根据建筑的具体情况，通过居住环境设计艺术来深化、丰富和发展居住环境，从而创造一个理想的居住环境。

（二）居住环境设计师具备的能力与素养

居住环境设计师被称为很多名称，有些被称为装饰设计师，另一些被称为艺术设计师。由于居住环境设计师参与的工作范围比单纯的装饰要广得多，因此他们的关注点已经扩展到了生活的各个方面，尤其是人类环境。

在一些欧洲国家，居住环境设计师已经成为与建筑师、工程师、医生和律师相提并论的职业，专业的居住环境设计师应该受过良好的教育，有一定的经验，通过了资格考试，有设计和实施能力来完善居住环境的功能和质量，以达到提高人们生活质量的目的。提高工作效率和确保公共卫生、安全和福利，专业居住环境设计师应具备以下能力：

①能分析业主的生命安全需要、目标和要求；

②运用居住环境设计知识解决空间规划的相关问题；

③根据相关规范和标准的要求，从功能、舒适性、美学等方面系统地提出初步的概念设计；

④通过适当的表达方式拟订和提出最后的设计建议；

⑤根据普遍无障碍设计原则和所有有关规格，提供关于非承重内部结构、地板、墙壁和顶部表面、家具、照明、室内详细设计、材料选择和其他技术设备的施工图和相关专业服务；

⑥在设计设备、电气和承重结构时，可与其他合格的专业人员合作；

⑦可作为业主的代理人编制和管理投标文件与合同文件；

⑧在执行设计文件期间和在执行工作完成后，可承担监测和评价的责任。

居住环境设计的工作性质决定了居住环境设计师专业素养的内容，居住环境是艺术的物质环境，这种空间设计必须把它理解为物质产品构成技术。我们亦要了解建筑的创作规律是一种空间艺术，一个不切实际或漠视建筑技术的设计只能是一幅画在纸上、挂在墙上的幻想画，如果要用其进行建造，则可能会危及人的生命安全，因此，居住环境设计师的专业素养相当重要。

①设计艺术素养。居住环境设计师职业素养的一个重要组成部分是空间造型的艺术素养，居住环境艺术形式的审美内容不能简单地用造型、色彩等一般的艺术词汇来概括。空间作品的质量主要取决于对空间关系的塑造和处理，空间关系不是完全抽象的，人们在一定空间中从事的特定活动限制了空间的构成关系。例如，连续的或近似的行为需要空间中连续的关系，现代工业化生产方式提出了模块化的空间组织原则，居住环境的综合功能会对空间组合的主次关系，甚至特殊的几何关系和空间序列提出要求。

因此，从事居住环境设计，必须掌握一套描述各种空间关系、适应各种活动需要的设计词汇，这种专业语言不仅是技术性的、功能性的，在空间上还是艺术性的。

做居住环境设计就像画大造型、放大调、制作雕塑有基本框架或总括一样，要进一步改进工作，就必须具备“清理”工作的能力，把设计做到一个细致的整理阶段，而最重要的矛盾就是要向进一步调整空间关系和深入细节的设计过渡。

空间连接是由多个构件完成的，这些构件之间的连接必须由多个节点来反映，因此，在深层次设计阶段，小节点的艺术处理就成为一个非常敏感的空间造型艺术问题，一般的施工工艺知识只能满足节点的合理需求，因此，设计师必须从造型艺术的角度来研究抽象空间形式美的原则，甚至要从材料、结构和视觉效果等方面吸收营养，全面研究与居住环境设计相关的形式语言，其涉及视觉环境的心理、行为和情感。

仅仅从平面装饰艺术的概念来思考空间艺术显然是不行的。21 世纪初，有人提出了“装饰是恶”的激进口号，在居住环境中，人们在每平方米的单位中体验到了空间效应，任何一点、线、侧面都可能影响视觉艺术质量的内部空间，因此，掌握必要的装饰手段也是设计师全面塑造居住环境所必需的专业素养之一。

首先要提出的问题是设计师在绘画方面的基本技能，居住环境设计要求有良好的形象思维和形象表达能力，能够快速清晰地构思和表达居住环境内容，具有良好的空间意识和尺度观念，同时也要求设计师熟悉生活，了解各种适用的工业材料产品，居住环境设计师与绘画能力有着密切的关系，但居住环境设计师的绘画内容主要与空间尺度、人的行为和相关的工业产品有关。

在实际设计活动中，反映设计师创作水平的是处理技术问题的能力和创造空间艺术形象的技巧，当然，作为一种专业素养，绘画能力的提高除了对设计行业有直接的帮助外，同时，通过绘画实践，也间接地强化了居住环境设计师的视觉艺术成就，许多优秀的设计师从中受益颇多。

②设计技术成果。在实际工作中，作为居住环境设计师，最重要的是对构成居住环境的技术问题，其中最重要的是建筑结构的知识和建筑结构施工技术以及建筑结构与细部装饰结构等的掌握，因此，居住环境设计师在掌握一般建筑原理的同时，还必须对装饰材料的特点有深刻的认识，掌握一般的结构知识，从中学习，不断探索如何使用传统材料，如何快速发现和熟练使用新材料，在许多情况下，建筑的原有结构、主要建筑材料和基本施工手段在限制居住环境设计人员方面发挥了很大的作用。在技术问题上，具有较高专业素养的设计师往往能从艺术的角度来处理结构和施工问题，并以意想不到的方式创造出新颖的居住环境。

除了与材料和建筑有关的技术问题外，还有一个舒适性问题，即舒适性和有效性问题，这与室内小气候有关，即掌握所谓的声、光、热等建筑物理技术问题。

在人们的日常生活和工作环境中，声音质量问题的矛盾有时是非常尖锐的，在音像要求较高的内部空间，室内混响时间的控制，技术问题的处理，如合理的声学曲线的选择等，都会直接影响设计质量。对于隐私要求更高的生活、工作环境，设计师则必须关注隔音问题。

自古以来，采光一直是设计师非常关注的问题，许多设计大师以他们对照明问题的独特贡献而闻名，例如，法国建筑师勒·柯布西耶、芬兰的阿亚尔托是现代设计史上利用自然光创造良好居住环境的杰出人物，自然光能满足人类的生理要求，但人工照明并不是一个简单的物理问题，与自然照明一样，其居住环境的艺术效果也有很大的影响，室内光环境质量的设计不仅包含着必须解决的功能问题，还与室内的色彩和氛围密切相关。设计师不仅需要研究人工照明和自然照明等一般技术问题，还需要阐述与光效应相关的各种艺术作品。

不同地区的供暖、通风、制冷技术不同，要求也不同，虽然这种问题基本上是通过专门的技术工作来解决的，但是，居住环境设计人员对一般的起源、基本设备和管道空间的要求等也要做好明确的认识，现代建筑的类型越来越多，建筑物、大厅也越来越多，亭台楼阁有增无减，居住环境设计师的工作也涉及越来越多的设备问题，而且在许多设计师和现代艺术家的心目中，把暴露的设备作为一个艺术组成部分已经成为一种独特的艺术倾向。

总之，居住环境的创造面临着技术问题，随着社会的发展，设计师技术知识的积累已成为其不可忽视的专业成就。现代社会，仅培养只具有装饰艺术工作者专业要求的设计师是不够的。

③设计文化兴趣。文化趣味因人而异，由于历史条件、教育和民族的不同，每个人都有自己的审美趣味，这种审美趣味的差异几乎是绝对的，在很多情况下，特别是在许多人共同的居住环境设计项目中，这种有趣的差异会使设计在不同的意见下变得困难，居住环境设计不是简单的涂鸦，在追求个性的过程中，千万不要忽视它，否则将会以成千上万的设计活动为代价。

因此，设计师必须善于把握文化兴趣的主流趋势，更客观地研究不同人（包括他们自己）提出的现实和可接受的设计思想，任何健康的审美趣味都是建立在更完整的文化结构之上的，文化史、环境心理学、行为科学、市场经济等方面的知识已成为每一位居住环境设计师必修的课程。

还有一个与设计师的艺术修养密切相关的问题，就是设计师自身综合艺术观的培养，各种艺术的门是相互敞开的，很难区分作为居住环境组成部分的浮雕与墙壁装饰的界限，居住环境与造型结构、现代雕塑之间没有本质区别，甚至很难找到装饰画与壁画的区别。马赛克画和墙壁装饰，新的造型媒介和艺术手段使传统的艺术作品相互渗透，居住环境设计也让每一种艺术同时在一个共享的空间对公众开放，基于这一现实，居住环境设计师和其他艺术家之间的“对话”是非常有必要的。逻辑上的结论是，居住环境设计师除需掌握本专业知识外，还应该努力学习其他艺术的造型语言，以营造一个共同和谐的工作氛围。在具体的环境中，设计具有全面艺术风格和个性的空间艺术作品。

总之，居住环境设计是大空间中的小空间，大环境中的小环境，同时也是建筑界面相对于自然的居住环境。居住环境设计活动与外部空间、庭院、绿化和装饰艺术作品密切相关。居住环境设计技术与艺术的结合以及各种艺术之间的综合艺术特性是决定居住环境设计师专业素养的内容之一。居住环境设计的确是一门学科知识，学习必然会有一定的难度，因此学习方法值得研究。

（三）居住环境设计师的培养

（1）居住环境设计专业的整合

室内艺术设计的进一步延伸和升华是空间功能与设计艺术相结合的结果，建筑必须首先考虑实用性，同时也不能忽视居住环境的艺术性和装饰性。空间具有更多的象征和心理精神特征，实用性和艺术性的高度统一是居住环境设计艺术最重要的特征。

居住环境设计服务的对象决定了居住环境设计师创作时不可能随意表达设计师的个人审美情感，当然，居住环境设计师最直接的服务对象是建筑单位，也就是委托居住环境设计师进行居住环境设计的甲方，因此，居住环境设计师的出发点应是业主。为了创造一个能够满足功能使用和投资目的室内环境，居住环境设计师的设计需要满足设计项目的行业特点和行业标准要求。居住环境设计师的间接服务对象是这个居住环境中居住、活动和消费的大众群体。居住环境设计师的设计应该满足大众功能、心理和美学的需要。

居住环境设计是一门综合性的学科，涉及广泛的相关知识，如工程技术、文学艺术、行业法规、市场营销、消费者心理等，这就要求学习居住环境设计专业的学生更加努力，居住环境设计能力的提高体现在综合素质的提高上。只有广泛地涉猎相关知识和信息，从多个角度进行思考，才能有效地实现居住环境设计的目的。

（2）居住环境设计专业的实践

居住环境设计的学习过程是一个实践的过程，实践能力的培养是教学的重点，大学生在学习居住环境设计时应特别注重实践设计的训练，只有在设计的过程中，面对真实的空间，面对特定的项目，面对特定的服务对象，才能分步分析问题，为了有效地掌握理论知识，居住环境设计学习不能仅是课堂学习，居住环境设计师还要主动地融入日常生活和学习的全过程，只有花费了时间和精力，才能产生知识的积累，满足课程的要求。

在居住环境设计教学方面，要结合专业特点，在对学生进行素质教育和专业能力培养时，要立足于对居住环境设计师素质的培养，全面提高学生的学习兴趣，激发学生的学习积极性。最终提高学生的实际居住环境设计能力，优秀的居住环境设计师应具备以下素质。

①勤劳好学。任何知识的学习都离不开努力，特别是居住环境设计专业这种实践性很强的交叉型、跨学科的综合性课程，大量的知识和信息积累需要居住环境设计师付出更多的努力，同时居住环境设计也是一个快速变化的行业，设计风格随着工程技术和材料技术的发展而变化，知识和信息的更新也对居住环境设计师提出了更高的要求，居住环境设计师需要不断努力提高自己的学习水平。

②热爱生活。设计师是创造高质量生活环境的先锋，要成为优秀的设计师，必须具备热爱生活的品质，有对生活的渴望和激情，以提高对高雅高贵的环境品质的欣赏，满足市民创造日益增长的物质和精神需求，满足室内环境空间需要。

③沟通能力。艺术设计专业的学生在设计实践中最困惑的是，他们的设计作品往往得不到业主的认可，总是抱怨业主不能接受自己的想法，其实，这是因为很多学生缺乏良好的沟通技巧，这种沟通能力是双向的，要建立在摒弃自己偏见的基础上，不能盲目地通过沟通来强调自己的思想，也不能盲目地遵循

自己的观点。要根据具体项目的功能要求，遵循特定的行业标准和特点，通过沟通，了解服务对象真正的设计目的，以满足整个项目的设计要求。

同时，一个项目的居住环境设计参与群体也是多种多样的，设计师需要与不同的专业部门协作，如建筑设计、材料设计、结构设计、暖通空调设计、电气设计、网络设计以及预算等专业人员相互配合，这就要求居住环境设计师具备良好的沟通技巧，只有这样才能在这个群体中发挥自己的专业能力，最终完成一个居住环境设计项目。

对于居住环境设计师来说，提高他们的艺术修养，培养他们的艺术创造力是一个需要长期努力的方向，只有具备了这种素质和能力，才有可能使居住环境设计师的设计与众不同。

绘图是设计师有说服力的语言，而最终的设计表现则是居住环境设计师赖以生存的利器，无论是徒手绘制还是电脑辅助设计技巧，居住环境设计师都应充分掌握，特别是在电脑辅助设计、施工图软件和3D造型等领域对绘制、动画等软件的掌握，只有提高了设计效率，才能提高设计竞争力。

总之，居住环境设计师需要掌握正确的学习方法，勤奋学习居住环境设计专业课程，以成为一名合格的居住环境设计师。

三、居住环境设计的构成

（一）空间的组织设计

住宅内部空间的组织与设计涉及两个方面，一是住宅内部各功能空间的连接与组合，二是空间本身的形式。

住宅室内空间组织是一种物质功能形式，也是一种深刻的精神内涵。室内空间组织是确定一种本质秩序。住宅的内部空间秩序不仅要考虑家庭的生活结构，如功能划分、功能重叠层次、生理划分等，还要注重满足审美的需要。

理性的需要是一种易于识别和理解的空间秩序，能给人们带来新鲜的空间意象，获得愉快的心理感受。

（二）功能分区

不管怎么理解，首先只有合理的功能划分才能保证基本功能的实现，分区必须处理区域内的关系、区域与交通连接的关系。根据人们的生理、心理习惯和生活方式，从功能的角度来看，一般可以通过内外分区、动态分区和静态分区进行室内净化区的组合。

内外分化居住心理学的研究表明，隐私是人们生活行为的一个极其重要的方面，任何人在日常生活中都需要有独立、不受干扰的活动空间。另外，人们也有相互交流的需要，住宅的内外区域需根据空间使用功能的隐私强度水平进行划分。

随着人类活动范围的扩大和成员的增加，住宅的隐私程度普遍降低，相对而言，住宅存储空间私人序列的宣传力度越来越大，其隐私要求不仅需要视声分离，还需要空间组织来满足居住者的心理需求。住宅内部的空间布局通常是按照等级空间序列的隐私要求来进行安排的，在最深或最高的地方，以及最私人的空间布局，一般的局外人都不容易进入，其中卧室和浴室不仅是私人空间，还需要适当的隐私。家庭活动，如家务、儿童教育和家庭娱乐，其没有对家庭成员的隐私要求，而只是对外人有隐私要求，其也称为半私人区域。半公共区域虽然是客人参加娱乐活动的场所，但它仍然是户外活动的私人场所。入口的门是家庭与外界之间的通道。门一般是平台、门廊或绿地，完全向外部公共空间开放。有了这个公共空间，就有了私人的序列布局空间，当需要建造一座独立的二层或三层小房子时，根据内外分区的原则，我们通常会在地面上设置车库、客厅、餐厅、厨房、客房、职工室和客房等。学习、儿童游戏室等设置则在上层，以确保家庭的隐私。

（三）动态和静态分区

从行为方式上看，房子的室内空间也可以按动作和安静划分，在动态区域里人们的活动更频繁，动作会产生声音，对其他空间的影响更大，属于活动区域的范畴，如门厅、客厅、餐厅、厨房、游戏室等，学习、演播室、浴室等属于静态区域，在确定静态和动态的划分后，应相应地建立各空间的约束和组合，特别要注意避免移动区域对静态区域的干扰和影响，使两个区域保持相对独立。

这种划分方法与内外隔断有一些相似之处，对于住宅中最重要的卧室，我们通常会把它们安排在单层住宅的一侧，为了维护卧室的隐私，有时主卧室和其他卧室也会分别布置。

在两层或三层的房子里，卧室通常设置在顶层，但工人的房间和客房除外，这些客房一般位于地面，在较大的豪华独立住宅中，此外，还有一间独立的主卧，人们一般会在主卧的旁边布置托儿所或儿童房，以方便家长照顾，主卧一般有较佳的定位，而且通常只使用浴室、更衣室、休息室或露台。同时，为了减少对其他空间的影响，客厅、餐厅、厨房之间的分隔更加灵活，可以根据室内空间形态的要求进行控制，以便灵活使用。

（四）净化分区

房子里的净化区实际上反映在水活动空间和非水活动空间的隔断上，厨房、浴室、洗衣房都需要水，比较难清洗，管网也比较多，厨房同时还要负责厕所的热水供应。所以集中处理是比较经济合理的，其他楼层上下楼的卫生室应尽量与其他空间隔开，厨房和浴室应进一步隔开，地板的卫生间一般不能在餐厅、客厅等其他重要空间内进行布置，以免管件布置影响下部空间。

由于厨房和卫生间的功能不同，有时必须安排在内外两个不同的区域，此时，需要我们对其位置进行细致的研究，以获得最佳的使用效果。

（五）空间组织

住宅由于其自身的功能和使用要求，在平面空间布局上具有相当大的灵活性，公共区域的多样性为创造丰富多彩的内部空间提供了极其有利的条件，使空间的创造获得了极大的自由，因此，在满足基本功能划分的前提下，可通过空间组合和形式组合，创造出独特而令人兴奋的空间效果。

线性组织。正如前面提到的，小型住宅内部和外部分区以及静态和动态分区都有功能要求，所以在小型住宅的平面设计中，可以按照这一原则进行安排，即在门的第一空间设置门厅作为预备空间，然后就是就餐和家庭生活的第二层，其给人以一种外向、开放的氛围，同时可利用分离、轴转换等技术来增加空间的层次和意蕴，最后，安排隐私要求较高的卧室书房等功能空间。在二层或三层的一栋小房子里，这种布置表现为一条垂直线，其中，开放空间放置在正门所在的位置上，私人空间则通过楼梯布置到楼层的其余部分。

中心组合。在小而孤立的住宅中，一些空间或部件构成了空间的有序中心，如起居室、壁炉、楼梯等，在这些空间周围布置上其他功能空间，不仅可以缩短交通路线、延伸平面和获得自由，还可以产生空间的向心力效应，帮助营造温馨的家庭氛围，营造宜人的室内环境。

空间渗透与共享。由于生活方式和质量的差异以及建筑单元大小的不同，孤立的小型住宅比其他普通的集体住宅会给建筑师带来更多的自由创造。内外渗透、上下共用已成为小型住宅设计的重要手段。

四、居住环境设计要素

我们可以把居住环境设计要素概括为抽象的点、线、面、体、光、色和质等。

（一）点

在居住环境中，相对于周围的背景，人的身体是足够小的，足可以被认为是一个点。就像一些家具、灯具和灯笼相对于足够的空间显示的即是点的特征。在空间中既有真实的点，又有虚拟的点，如墙上的门、窗上的洞。

一个点具有凝聚视线的作用，既可以作为视觉空间的中心处理，也可以为场景的视觉起到悬挂、转弯或引导的作用。当虚线暗示着三点之间交错排列时，就形成了一个虚拟的三角形曲面。多点组合可以成为空间背景和兴趣中心，点的有序排列具有规律性和稳定性，无序排列会产生复杂性和运动感，其可根据点的大小、密度的分布、位置的组成等因素，而在平面上引起运动、深度和颤簸的变化。

（二）线

点的运动可以形成一条线，这条线可以代表视觉中的长度、方向、运动等概念，同时还有助于表现张力、轻盈和弹性，作为居住环境中线条的视觉元素，其有许多坚实的线条，如柱子、人的身体，有些则是虚线，如长长的沟槽、带状的窗户等。

这些线的长度、厚度、意义和方向的变化产生了不同的形式感或强烈的软感，使人们产生了不同的心理感受：直线是垂直的、水平的和对角的，垂直的是稳定的和坚定的；水平线代表的是和平与稳定；对角线则会产生运动和活动感；曲线比直线更自然、更灵活；椭圆、抛物线、双曲线等复杂的曲线则更易变，更微妙。线条的密集排列也呈现出了面的半透明特征，也带来了节奏，线条可以用来强化或削弱物体的形状特征。因此，可改变或影响它们的比例关系。通过复制物体表面的线条，也可以形成图案和纹理。

（三）面

平面是二维的，它的长度和宽度比它的厚度大得多，房间是空的，在墙壁、地板、门窗等表面之间，其可以以薄片物体的形式存在，也可以存在于表面的各种物体中。表面在空间中可起到遮挡视线和分隔空间的作用，其虚拟程度决定了空间的开启或闭合，表面有垂直平面、水平面和斜面。方形是最简单的形状，等长四面显示出了稳定有序的感觉，立方体效应更为强烈；圆圈则是一个集中、内向的形状，在环境中通常是稳定的，圆形空间或大厅被布置成纪念空间，圆形空间具有强烈的遏制感，同时也增加了一种包容感；三角形意味着稳定，因为它的三个角度是可变的，三角形比矩形更灵活；三角形表现出了一种记忆感；不规则的弯曲空间意味着自由和流动，善于表现出柔软的形状、平滑的运动和自然生长的特征。

（四）体

物体表面的平移或线的旋转形成了三维的身体形态，身体不仅可以一个角度的外轮廓来表示，还可以用通过从不同角度看到的视觉印象的综合叠加来表示，身体具有饱满感、空间感和量感。居住环境既有实体，又有虚拟身体，如钻头、线、透明材料和封闭体等。

实体厚而稳，虚拟体相对轻盈透明，身体特征也与线条特征直接相关，长方体空间较清晰，便于测量、映射和制作，因此，在结构上易于装配，在建筑空间中得到了广泛的应用，球体或近似形状的曲线体是圆的、饱满的，但很难与特定的功能相结合。三角形块则可通过方向调整形成稳定和牢固的印象。

（五）光

光可以形成空间、改变空间或破坏空间，它直接影响着人们对物体大小、形状、纹理和颜色的感知。

光的亮度和颜色是决定空间大气的主要因素，光的亮度会对人的心理产生影响。一般来说，亮度较高的房间比暗室更令人兴奋，但这种刺激必须适应空间应有的气氛；在灯光较低和光线较弱的位置，其会在周围造成较大的阴影，天花板会显得更低，房间的气氛会更加亲切、安静，就像在餐厅里只有柔和闪烁的烛光照明，其能营造出温馨浪漫的气氛。

室内的氛围会因光线和色彩的变化而变化，应根据不同的气候、环境和居住环境的个性要求来确定。夏天在客厅和其他公共活动区使用绿色冷光会让人感到凉爽。色彩浓烈的灯光，如霓虹灯和彩色聚光灯，可以激活室内气氛，增加热闹活泼的气氛。现代家庭经常用彩色装饰灯装饰节日中的房间和餐厅，以增加欢乐气氛。不同颜色的透明或半透明材料也能在增加室内光线和色彩方面发挥很大作用。

直射光可以增强物体的阴影，光的对比度可以增强空间的三维感，光可以增强空间的兴趣中心，也可以削弱不想被注意的次级空间，从而进一步改善和净化空间。为了突出新产品，许多商店都使用了高照度的关键照明，通过照明设计可以使空间变得轻盈透明。光和影本身是一种特殊的艺术形式，当光线穿过遮挡时，一小块光就会散落在地上，光和影不时地交织变化，这种艺术魅力是无法形容的，我们可以通过灯光设计，用生动的光和影子来丰富居住环境，使光和影相辅相成，互相映衬。

光既可以是无形的，也可以是有形的。各种各样的照明，如天花板照明、脚手架照明，往往以其独特的组织形式吸引着观众，如购物中心采用连续带状照明使空间更加伸展，明亮的天花板也可以增加空间的视觉高度。现代灯具都强调几何造型，在球体、立方体、圆柱体、角锥的基础上，将其转化为各种形式，并运用对比等构图原理来达到新的韵律和独特的效果。但在灯具的选择和灯光的选择上必须与整个房间一致，而不孤立地评价正反两方面的优劣。

（六）色

颜色和形状一样，是所有视觉形式的基本性质。颜色的来源是光，光是根本，它照亮了形式和空间，没有光，颜色就不会再有。颜色有三种属性，即色调、亮度和纯度，它们同时显示在物体上，无法分离。可以产生光照效果，也可以产生环境色彩和背景色彩的并置效应。这些因素对于居住环境设计来说是非常重要的，不仅要考虑居住环境各个部分之间的相互作用，还要考虑这些颜色在光照下的相互关系。

色彩可以引起许多心理感受和共鸣，大致可以体现在以下几个方面：色彩距离可以使人感到前后、碰撞、近远不同，一般的暖色体系和明亮度高的颜色有先进性和突出效果，而冷色系和亮度低的颜色却具有后即性和淡化效果。室内设计经常利用色彩的这些特点来改变空间的大小和高度，色彩的重量主要取决于光亮度和纯度，如桃红色、浅黄色等，在室内设计的构成中，往往用于表达平衡和稳定，以及表达个性。色彩的大小主要取决于色彩和亮度两个因素，颜色具有扩散效应，不同的亮度、冷暖有时也可通过对比显示室内不同的家具，物体大小与整个居住环境色彩处理有着密切的关系，可以用颜色改变物体的尺度、体积和空间感，使房间各部分之间的关系更加和谐。颜色的温度与人类的长期体验是一致的，如红、黄、绿、蓝，绿色使人感觉凉爽等。

室内色彩可以分为多个层次，颜色关系随着层次的增加和复杂性的增加而增加，随着层次的减少和简化，不同层次之间的关系可以看作是背景颜色和关键颜色。在色调统一的基础上，可以采取加强色彩力量的方法，即重复、节奏和对比来强调房间某一部分的色彩效果。室内的兴趣中心或视觉焦点也可以通过色彩对比等方法来增强效果。通过色彩的重复、回声和接触，以加强色彩的节奏感和丰富的色彩感，使室内色彩达到多样性和统一性，使主导色彩之间形成一个完整和谐的整体。

（七）质

实体是由材料构成的，这就导致产生了纹理的问题，所谓的纹理，即由材料表面的结构所产生的视觉感觉，常被用来描述固体表面的相对粗糙度和光滑性，也可用来描述固体表面的特殊质量，如厚度、软硬、重量等。每一种材料都有不同的纹理特征，这也有助于实体形状表达不同的内容。如木材、藤、毛皮材料松散、粗糙、温暖、柔软等；抛光石材、玻璃、金属材料精细、明亮、坚实，具有精密、轻盈、冷漠的特点；混凝土、石材则更为粗糙、刚性等。

每一种材料都有两种基本的触觉和视觉纹理。人类的视觉和触觉是相互交织的。在许多情况下，触觉是真实的，可以通过触摸感觉到，如软、硬、冷和温暖。物体表面的触觉特征可以单独通过视觉方式感知，如凹凸感、光泽度等，这主要是基于我们过去对相似事物、相似材料和材料纹理的联想，这种“视觉纹理”有时是客观的，有时是真实的，有时可能是一种摸不到的错觉。

纹理与设计元素密切相关，是指材料表面形貌的客观存在，织物可以由固体和平面之间的起伏产生，图案是物体表面的装饰性图案或装饰物，它们几乎总是基于对图案母本的重复，当物体的表面重复到失去个性和质量时，图案的纹理就会比图案更好。纹理附着在材料上，丰富了材料的表现力，不同的表面纹理会给人以不同的纹理印象。

同一种纹理材料本身可以形成不同的“固有纹理”，并通过一定的加工手段获得“二次纹理”。室内装饰部门一般会表现出材料本身固有的特性或特定的生产过程，如木纹和织物的编织、砖块形成的纹理、自然色彩的外观等。而表层的结构层会进一步加工成新的球或饰品，如雕刻、印刷、穿孔等手段，然后形成另一种效果，即所谓的“二次纹理”。

纹理越大、越厚，粗糙纹理就越保守和稳定。细腻的材质可以是柔软的、华丽的，可以使空间显得开阔。粗糙的纹理或图案可以缩小空间距离，增加视觉重量。在大空间里，合理使用纹理可以提高空间尺度，形成一个相对友好的区域，对任何纹理的小空间的使用都应该加以控制。使用不同的纹理对比可以增强空间的视觉丰富性；没有纹理变化的空间往往会产生单调的无聊感。

第二节　办公空间设计

一、办公空间设计阶段

办公空间的设计原则，概括地说，就是便利、快捷、高效和方便团队协作。设计师要结合工作性质、空间条件、员工数量、设备设施、内外联络等方面的因素，遵循设计原则，进行人性化、效率化的安排布局和空间塑造。办公空间是一个机构的神经中枢，其中所作出的决策、所表达的思想、所释放的信息，都会变成某种现实，就是要把意图化为行动，把口头或文字的理论变为实际的存在，把思想变成生产力。因而，其设计的最终目标，就是要为员工上班营造适合的环境条件，为来访者提供便捷的办事环境和温馨的交流氛围，从而增强机构的亲和力、执行力和创造力。办公空间设计的阶段分为：

（一）概念设计阶段

根据策划定位的具体要求，对各类信息资源进行分析，结合设计理念和主题风格，利用创意草图、创意模型进行设计构思。明确平面布局、流线规划、空间分区和功能区域分割等，具体内容包括：

自然条件分析。地域环境等外部自然条件对商业空间设计风格、功能布局、空间特征都有着重要影响，所以必须具体处理好项目的布局设计，避免和消解外界的各种污染。

建筑结构和功能分析。了解项目建筑本身承重结构体系，从功能设计着眼，审视需要完善功能的部分，以便安全合理地进行总体布局。

分析项目内水平与垂直交通体系设置特点，规划店内走廊及楼梯、电梯、自动扶梯的平面布局，并确定它们分割室内空间和纵横流线的相互联系。

分析项目内空间大小、高低、开合、明暗等特征，在功能布局中统筹兼顾，科学安排。

分析各种设备、管线对使用空间的影响，作出应对设计要求、重新进行安装和改移可能性的评估。

全面整理各种设计元素，绘制平面布局、流线规划、区位分析和功能区域分割等草图，附加言简意赅的设计说明，提交业主确认。

（二）方案设计阶段

根据业主确认后的概念设计阶段的文件要求，进行平面、立面相结合的整体空间设计。绘制平面图、天花图、地面铺装图、立面图、剖面图和效果图等。

编制简要的设计说明书，提供与设计相对应的材料样板图，一并提交业主确认。

（三）施工图设计阶段

对经业主确认的设计方案进行深化设计，复核项目现场具体尺寸。

对项目细部结构工艺等进行深化设计。

对项目的配套工程进行扩初设计，如给排水、弱电、空调、消防等，与相关专业部门或者专业工程师进行充分协调合作，制定趋利避害，解决矛盾的最佳方案，绘制配套工程设计图。

绘制详细施工图，包括节点图、大样图，规定尺寸和采用材料。编制详细施工说明书。

对图纸进行有业主及相关方面参加的集体会审，进行修正校核，共同签字确认。

甲、乙方协商沟通，确定工程概算。

（四）施工指导

进入设计实施阶段，为保证施工能真正实现预期目标，多数业主要求设计师继续参与施工，以保证设计标准和设计效果。具体工作有以下几个方面：

①与施工方充分沟通，解释相关技术问题，进行图纸交底。

②深入施工现场，进行现场指导，特别是工艺指导，解决施工中的技术问题。

③监督施工质量和材料标准。

④施工中如遇业主意向变化或现场客观情况变化，要及时变更相应设计，经业主确认后，交与施工方。

⑤工程告竣，配合验收。向用户交代使用维护注意事项。

综上所述，设计的程序和步骤是相互融合、先后贯通的。要求设计师能真正独当一面，具备一定的专业知识技能和商品经济意识，具备与时俱进的创新思维和现场实施的协调指导能力。

二、办公空间分类

（一）封闭式办公空间

根据功能划分的办公区相对封闭，互相之间需靠公共空间进行沟通。此种空间形式抗干扰性好，容易满足不同的功能需要，且节能环保，但是缺乏交流，灵活性不足。

（二）开放式办公空间

各种功能集中在一个大空间中，通过隔板来区分单个工作区域。此种空间形式易于管理，便于交流，利用率高，布局灵活，但缺乏私密性，抗干扰性差，容易加重办公人员的心理压力。

（三）景观式办公空间

重新划分大空间，进行空间形象再创造，突出特色风格，强调造型语言的应用，形成新的空间效果和视觉感受。此类空间形式个性特征明显，完全不同于传统的办公空间模式，给人迥然而异的身心感受。由于其适用范围较小，所以只有小型的个性化的专业公司采用较多。

随着时代的发展，人们越来越注重办公环境的舒适度和宜人性，既要满足工作的基本功能要求，又要满足员工的深层心理诉求。由于办公自动化和电子设备的普及，目前的办公空间更能体现高效、协作、交流的机能，办公区域也突破了以前的固定模式，更加富于流动性。因此，要求设计师始终坚持以人为本的理念，重视人对办公环境的关注度，尽量满足人们工作的各项需求。

三、办公空间设计策划

办公空间设计策划是一个系统工程，与其性质、规模、形式及所在机构管理模式都有极大关系。许多机构由于工作方式不同，对办公空间设计都有个性化的要求。因此，在进行设计之前，要针对具体的设计项目进行深层次的了解和研究。

第一，了解机构的特征和形象，以及该机构的社会地位和影响。深刻理解机构形象的内在含义，研究空间设计方式，采用空间语言去展示和深化机构形象的内涵。

第二，了解机构管理模式、组织架构、部门特点、岗位职责、人员数量、办公设施、工作特点等情况，研究员工对办公环境的需求和预期。

第三，了解办公所需的机具和设备，尤其是特殊行业的特殊设备，了解其使用方法、使用环境，针对设备情况提出专门解决方案。

第四，了解办公部门之间的相互关系，掌握不同部门工作的协作关系、交流关系和工作次序。研究员工之间的私密性和协调性，创造利于管理的环境条件，提高工作效率。

第五，强化办公环境的生态化特征，创造自然、舒适的空间环境。强调绿化、景观、光照等环境因素存在的意义，弱化人们对长时间工作的厌倦情绪，释放心理压力。创造优雅空间，倡导快乐工作。

第六，通过以上几个方面的了解和研究，确定项目的整体设计理念和设计目标，明确设计方向、设计思路和特有的设计元素。

办公楼的空间规划要依据空间形式来进行，空间形式一般有以下几种。

第一，形象空间。形象空间包括外观、门厅、咨询台、接待室和展览室等。

第二，交通空间。交通空间包括停车场、楼梯间、电梯厅、走廊和过厅等。

第三，工作空间。工作空间包括办公室、信息管理室等。

第四，交流空间。交流空间包括会议室、休息室、接待室和洽谈室等。

第五，辅助空间。辅助空间包括空调、电梯、消防设备间、卫生间、储藏室和特殊设备间等。

在办公空间规划中，设计师要匠心独运，掌握各种规划要素。要以交通为主线，考虑工作空间和交流空间的功能关系，并辅以形象空间和辅助空间，共同组成一个有机整体，形成一个互相协作、互相依存、互为补充的整体空间布局。

四、办公空间形象设计

目前各类工作机构都非常重视自身形象的设计和推广，越来越关注办公环境对自身形象的表述。这种趋向已经成为办公空间设计的一项重要内容。

做好办公空间的形象设计，首先要掌握形象设计的具体含义，然后通过对具体空间形态的理解和体验，利用新的特别的空间感受去表述企业形象。这个环节中需要注意：

第一，办公空间的形象设计要有明确的指向和深厚的内涵。

第二，办公空间的敏感部位，如门头、门厅、形象墙等区域，要进行重点考虑，同时要处理好其周边协调配套问题。

第三，采用空间表述富有深层意蕴的特有形式展示形象，切忌简单肤浅的机械模仿。

办公楼的空间形象是机构形象的重要组成部分，设计中不仅要充分尊重空间的独特性，还要以洗练、醒目、突出、明确的手法，结合整体形象特征，共同创造独具个性、简洁优雅的办公空间。

（一）形象定位

办公楼大厅是整个办公空间设计中最重要的形象表述区域，而且往往是重要的交通空间和交流空间。它连接着电梯、楼梯、走廊等交通区域，成了重要的人流集散地，具有接待、等候、保安、收发等诸多功能。因此，从功能需要出发，大厅设计要努力满足区划合理、特征鲜明、突出功能、简洁统一的形象要求。

在大厅的形象策划中，一般会以形象墙为主导区域，在周边辅以能烘托突出形象墙的辅助造型手段，融入与主题形象相吻合的文化元素，共同组成富有独特个性的大厅空间形象。

（二）平面布局

大厅的功能复杂，使用率高。只有处理好平面布局，才能更好地安排复杂的功能区划。设计中首先要把大厅的交通功能放在第一位，将相当的区域留给通道，并且最好与电梯、楼梯等交通密集区域形成直线连接，使交通更加便捷顺畅。其次，应该把主要形象区域安排在明显位置，起到统领整个空间的作用，同时结合接待、问询、收发、保安等功能，形成特色化服务区域。最后，恰当布局等候区、休息区、卫生间、储藏区等辅助功能的位置，使大厅的空间功能更加完善。

办公楼大厅正对入口处往往会设置电梯、楼梯或大厅，两侧安排接待、保卫等服务功能。大厅的角落区域，可酌情设置一些辅助功能。

（三）界面设计

办公楼大厅是一个多功能的交叉区域，空间界面处理要根据其功能特点进行整合。大厅地面选用的材料要求防滑、耐磨、易清洗，并有相适应的规格档次。吊顶处理要简洁明快，不宜繁杂；墙面可根据形象要求进行特色化设计，也可同地面一样简化处理，选用素雅、明快的色调。但无论哪种设计都要注重整体协调统一，使墙面、顶面、地面浑然一体，自然大方。

在大厅设置休闲景观和文化景观也是近年来流行的设计手法。通过绿化、灯光、书画作品和其他小品的设置，可有效地活跃大厅环境，创造优雅、亲和、舒畅的现代办公空间形象。

五、办公室设计

（一）职级定位

办公室的室内设计与机构内员工不同的职级特征有重要关系。一般可分以下几种。

1. 封闭式办公

采用封闭式办公的为财务、档案、信息处理等职能部门。这一类办公室相对封闭，一般采用限制性出入的环境设计，对防灾、防盗等安保要求较高。

2. 事务性办公

采用事务性办公的为人力资源、保险业务、公关联络等职能部门。属于最常见的办公区域，一般要求布局合理，动静结合，以凸显方便、高效的办公特点。

3. 综合性办公

综合性办公如领导办公室和中层职能部门。除具备普通办公室的全部基本功能外，还要增加洽谈、会客、会议、接待等服务功能。

4. 专业性办公

专业性办公指一些特殊行业和特殊部门。这类办公空间往往在办公设备和空间处理上要求有更加专业化、规范化的设置和安排。

（二）平面布局

目前，办公室的平面布局已经变得非常灵活，往往是封闭式、开放式和景观式各取所需，或者兼而有之，单一形式的办公空间已相对减少。因此，在平面布局方面，应结合不同职业的需求，根据现有的条件，采取设计不同的形式。同时，应同项目业主做深入沟通，使布局形式更能体现并服务于机构的管理模式。

办公室的布局应更加注意个人办公区的区划设计。由于办公机具和设备的安排布局会极大地影响到工作效率，所以本着“便捷、舒适、高效”的原则，要处理好办公区域内的人机关系，以期达到科学、人性的合理组合。

（三）界面设计

办公室的界面设计较为简单。为了营造办公氛围，界面处理一般较为简洁，以避免过多元素对办公环境的影响，但在体现机构形象的部位仍需进行特殊化处理。

办公室内员工之间的隔离界面也很重要，配以办公台面上强化的灯光的设计内容，它对员工会产生极大的心理影响。周围辅以简单的绿化，就可以创造出和谐的氛围，墙面宜选用柔软的材料、柔和的色调，以创造宜人的办公小环境。

六、办公空间设施配套与配景设计

办公自动化设施是现代办公空间的标志性配置。一般配置有以下几个层级。

第一，个人级 OA（office automation），由个人计算机、打印机、多功能电话、个人数据库等模块组成。

第二，基层级 OA，一般由个人级 OA、智能复印件、分布式数据处理机、办公室事务数据库、电子会议室等模块组成。

第三，企业级 OA，一般由大、中型计算机主机、企业数据库、印刷装置、多用型专用转移交换机、通常设备等模块组成。

办公空间中的辅助空间如卫生间、值班室、设备间等的设计要符合整体设计形象要求，强调统一性、协调性和便利性。

配景设计方面，要注意空间的节奏感和连续性，可采用分段式主题景观来装点办公空间，形成既统一又活跃的办公环境。围绕主题，适当安排一些精妙点缀，营造使人心生向往、神清气爽、人性化的环境，以更益于提高工作效率。

第三节　商业展示空间设计

一、商业展示空间设计

（一）商业展示空间设计的概念

展示，从语义学概念上来讲有表现、展现之意，也就是把事物清楚地摆出来、明显地表现出来的演示行为和现象等，主要通过视觉、听觉的感受来检验效果。随着现代化商业行为的日益成熟，人们不再把购物仅仅当作是一种普通的消费手段，而是融入了更多的情感因素，变成了闲暇时期必不可少的娱乐休闲活动。因此，商业展示设计在购物中扮演的角色越来越加重要。商业展示设计是一种包含着强烈目的和意图的行为，它采用一定形式的视觉传达手段和有特色的照明方式，借助特定的道具设施和适当的色彩装饰来获得展示效果，并达到吸引和诱导顾客消费，获得最终利润的目的。

商业展示设计是为商家实现营销目标所进行的最直接有效的宣传。别致新颖的商业展示为商家和顾客提供了良好的交流，不仅能将代表商业形象的元素通过新奇的艺术手法含蓄地表现出来，还能起到唤起消费者消费欲望，达到最终创造性设计活动的作用。

商业展示是信息传播的一种方式，设计者通过调查研究明确设计目标，通过发散构思确立设计主题，在具体设计中寻找合适途径，然后通过设计施工获得最佳效果，最后把所有的反馈信息收集到一起，作为最终的效果评估指标。商业展示设计有三个主要任务：第一，创造良好的陈列空间和展示环境；第二，创造最佳的陈列方式和展示形象；第三，创造和谐的人机关系和人际关系。这是衡量一个商业展示设计的标尺。

现代社会商业形式种类繁多，材料工艺和科学技术也日新月异，这就促使设计手法不断提高，如何挖掘出最合适的商业设计方向将直接影响到商业活动的成败。调查显示，众多方面（地理位置、人群取向、商品质量、服务形式等）影响着商业投资风险的大小，而其中尤以商业环境的好坏关系最大，它直接影响到了消费者的购物情绪，科学理性地分析顾客受众的人群心理能为设计工作带来事半功倍的效果。设计中我们应谨记，“人”是最核心的因素，即使同一种商业环境有万千的设计风格，但核心的“人”是不会变的。成功的商业展示设计往往都善于利用这一点，通过成熟的设计手法准确快捷地反映商业特征，营造最佳的环境氛围并激发顾客的消费欲望。

正是因为商业展示设计的这些特征，促使这门课区别于普遍意义的展示设计，使得其不再是简单的摆放物品，而是包含了更多独特的内容——敏锐的商业特质、浓厚的商业空间氛围、魔幻般的空间造型能力和丰富的平面设计语言等。

（二）商业展示空间设计的发展

商业展示行为作为一种艺术的萌芽，贯穿于人类历史发展的各个阶段，它的出现可以追溯到人类开始进行物物交换的时期。展示活动的最早出现伴随着浓烈的宗教色彩，经常出现于宗教祭坛和巫术礼仪的仪式上。随着生产力的提高和生产技术的发展，人们开始有了剩余产品，这也就为物品的彼此交换提供了条件。当人们将自己占有的多余的生活资料去换取自己欠缺的另一种生活资料时，展示和陈列就成了生活中必要的甚至是不可或缺的方式。展示在完成一系列物物交换的活动中起到的作用是显而易见的，物物交换来源于剩余劳动，同时也促进了社会分工的发展和完善。在剩余劳动和社会分工的初步发展和建立过程中，商品交换这种具有商贸特征的形式也相应地发展了起来，导致了最初的商业环境——集市的出现。在集市上，人们把自己生产的剩余产品摆放在摊位上供人选择，集市的出现不仅方便了交换这种行为，更代表了最早的展示空间，也有人认为这就是原始博览会的最初形态。

（三）商业展示空间设计的特征

1. 综合性

商业展示设计作为一门包容广泛的综合性学科，涉及多个研究领域，包括视觉传达、策划与管理、信息技术、展品性能、市场供求、建筑空间、消费心理、传播学和美学等诸多方面知识。商业展示设计还需要具备绘画、雕塑、摄影、视频、灯光照明、舞台艺术、现场演示、音响、计算机多媒体、装饰艺术、工程管理和计划及成本核算等专业技能的综合性支持。

商业展示设计不仅涉及空间造型，还涉及平面造型。即设计师不仅要面临制图、材料、造型、结构、空间、施工等设计内容，还要面临版面的设计、企业形象的建立和广告的发布等设计任务。从这个意义上来说，商业展示设计不仅融合了工业产品造型设计、室内设计，还包括了视觉传达设计等多个设计形式。

由此可见，商业展示设计需要多种专业知识支持，这种特点决定了这门学科的综合性特征，并且较之其他专业更加突出。

2. 多维性

随着网络信息时代的快速发展，商业展示信息的交流已不再单独受时间、空间的限制，但设计仍需体现以人为本的设计原则。人在展示空间中往往是以动静相间的运动形式来观赏和接受展示信息的。因此，人、环境、展品、时间就构成了展示设计中不可轻视的基本条件要素。需求决定了这些因素的构成关系，并决定了其空间多维多元的性质，即参与者可由上到下、由左到右、由前到后、由远及近地游历于展示空间中，通过视觉角度的位移变化制造出身临其境的效果，全方位地观赏、接受展示信息，以获得更翔实的认识和了解。

3. 独特性

商业展示设计属于视觉营销的一种方式，要求在商业展示设计的表现手法上力求新颖，表现形式上力求突破。只有在激烈的商品市场竞争中不断地展示个性，才能使消费者沉醉于其独特的魅力，把商品作为首选，并成为该商品的忠实消费者。

4. 科学性和环保意识

商业展示设计应体现时代特征，合理利用现代科技知识与手段，以市场为依据进行策划、创意、组织和管理。科学地运用市场营销、信息传播、设计管理、数字技术等方面的知识，对展示设计的现状、顾客的需求和消费心理进行深入的调查研究，作出准确的判断，获得有用的信息，最后制订正确的设计定位和展示计划，确定展示手法和展示手段。其中，数字化的快速发展为商业展示设计运用虚拟现实技术提供了广阔的空间。商业展示设计中的科学性不应只体现为某种新材料、新技术的应用及应用的手段和形式，更应体现出展示设计的新理念，策划、管理及实施的逻辑性和合理性的方法与过程。

今天，人们不仅要意识到保护人类生存环境的重要性，更要理性地看待商业展示设计和资源合理利用的关系，不能以破坏环境为代价来达到商业展示的目的。在今后的设计过程中，尤其是短期的商业展示设计中，更要合理地利用资源，加强环保意识。当然，也不必以曾有过的浪费资源、环境污染等现象来否定商业展示设计的价值和发展潜力。

（四）商业展示空间设计的发展趋势

随着社会的发展和科技的不断进步，现代商业展示设计的表现形式和表现手法的种类越来越多，人类生活方式及思想观念的改变也给商业展示设计提出了更多的要求，而作为人类精神物质载体的商业展示设计，其总体发展趋势的特点是很明显的。

1. 人性化

在今后的商业展示设计活动中，设计师将更多地从顾客的心理出发，将展厅设计得更加具有自主性，创造一个实用而且舒适的观展空间，逐渐形成以人为本的商业展示空间模式，设计出更加具有人性化的展览设施，充分考虑不同人群的生理及心理需求，如残障人士的专用通道和厕所、为儿童设计的卡通趣味介绍等，充分做到设计上的完全无障碍。

2. 科技化

21 世纪是科技的时代，科技在这个时代的作用无可替代。商业展示设计是技术与艺术的结合体，其中理性的因素占很大部分，对技术的要求也越来越高。因此，商业展示设计应该多利用多媒体技术和虚拟现实化技术引领商业展示新时尚。

多媒体技术在现今生活中的应用已十分普遍，我们每天都会直接或间接地应用到多媒体技术，如手机、网络、通信设备、展示空间等都是多媒体技术的体现。多媒体集合图形、图像、文字、视频、动画、声音等传统媒体形式的优点，结合计算机的交互功能，根据实际项目和客户需求，通过精心策划构思，综合多种表现形式，创立了一套有机的“多媒体软件”，这种软件在很大程度上提高了商业展示设计的信息传达质量和效果。

虚拟现实化技术是人类科技发展史上的一项重大成果，它使参观者真正参与到了展示活动中来，并给其制造出身临其境的效果。虚拟现实化技术一般通过创建虚拟世界来还原产品原貌，并通过计算机的辅助来对产品进行展示。如许多受保护的文物，我们并不需要真正将其陈列在参观者面前，只需通过虚拟现实技术呈现就可以让参观者体验到它的魅力。

3. 生态化

商业展示在设计过程中要努力实现可持续化发展，形成生态环境的展示空间模式。生态环境的不断恶化和资源的不断减少，都对展示设计的发展提出了重大考验。在设计的执行过程中，要时刻“扩展”“渗透”绿色和生态观念，其中新材料的应用尤其关键。在未来的商业展示设计过程中，科学、人性、新颖、开放、前卫、注重个性和贴近生活将是设计的总体趋势，而注重、发现和运用新材料也将成为信息传递的核心竞争力之一。我们可以假想一下，未来的展示材料，它必须是高效简洁的、符合环境保护概念的、能够循环利用的。同时应该是注重保护历史传统和地方文化，在设计中融入地域情感，努力体现独特智慧的传统文明。

综上所述，未来的商业展示设计的总体趋势可概括为是“以人性化为前提，科技化为手段，生态化为目标，新材料为辅助，在交互中发展”的思想展示。是为人而展示，展示设计的目的就是更好地为人民服务；科学技术的飞速发展；多媒体技术和虚拟现实技术的大力应用都为达到商业展示设计目的提供了捷径；生态化是设计不变的主题，新材料的使用促进了可持续发展的进程，引导商业展示设计更快地进入了良性发展。

二、商业展示空间设计的构成要素和基本原则

（一）商业展示空间设计的构成要素

商业展示空间设计是一个涉及多个学科的综合体，它集艺术、技术于一体，包含了诸多要素，而这些要素又相互作用，共同决定着商业展示设计的成功，所以在进行设计前，有必要对这些要素在商业展示设计中起到的作用进行深入了解。

通常商业展示空间设计必须具备五个要素：发布、空间、时间、观众和内容。它们彼此之间相互联系，相互影响，任何一个要素的缺失都有可能导致展示过程的失败。

1. 发布

商业展示信息的发布者是展示活动的发起者或宏观控制者，一般由企业、集团、公司、政府、社会组织等机构来充当。展示活动的发起是为了达到某种特定目的。信息发布者为展示设计者提出了要求、原则、时间、内容及目标，并提供了经济支持，他们的每一个决策都将对展示活动产生决定性的影响。

所谓术业有专攻，并不是每一个信息发布者都对商业展示设计了解甚深，他们往往会凭借自己的主观经验对设计师提出要求，其中有一部分是可行的，但也有一部分是不可行的，这就要求设计师在进行设计的时候既要充分尊重展示设计发布者提出的合理要求，又要对其不合理的地方及时作出指正，多交流，多沟通，使双方意见一致，避免将来产生负面影响。

设计师在设计前要综合分析商业展示信息发布者提供的资料，准确找到设计诉求点，并根据诉求点总结出需要解决的问题，进而提出设计方案。在设计的过程中，设计师要以负责任的态度从展示方的利益出发，牢牢把握主题思想

和设计诉求点，时时注意方案的可行性和易操作性。在施工过程中多与信息发布方和施工方沟通，根据发布方的要求及时更正，以达到双方预期的效果。

2. 空间

空间是商业展示设计存在的基础，展示设计依靠空间得以实现，空间的存在不仅为设计师提供了施展才华的舞台，也为展出方提供了展示产品的场所，同时还为参观者提供了与展示方交流的环境和机会。

展示设计是针对空间展开的造型艺术，它涵盖了类似雕塑的空间塑造，类似建筑的功能空间划分和空间造型能力，以及心理学上人们对空间心理的需求和空间尺度的控制等，同时还包括对声、光、电等诸多媒介的综合运用。这些元素共同构成了商业展示设计的空间序列，并通过编排把空间分为正负和虚实等关系。

展示的物体占据了空间，并构成了人在空间中的行动路线，这就是正空间，它是参观者最直观感受的空间，也是设计师在设计的过程中需要注意的一个点。同时，展示中出现的物体会根据相互关系形成“场”，也就是我们所说的负空间，它虽然是无形的空间，却是参观者直觉行为发生的空间，对观众的心理有很大的影响。在设计过程中，设计师往往会忽略负空间的存在，但当参观者进入展示区域并与空间发生关系后，负空间的心理暗示作用就逐渐体现出来了。

商业展示设计中常被使用的空间类型主要有三种，即闭合空间、开敞空间和半开敞空间。

（1）闭合空间

闭合空间指四面都由实体（玻璃、墙面、遮挡物等）围合的空间。特点是空间归属感强，空间限定明确，有利于观众集中精力参观展览。

（2）开敞空间

开敞空间指空间围合物很少或基本没有围合物的空间，其特点是没有明确的空间界限，参观者视线开阔；在进行空间处理时灵活、多变；空间归属感不强，参观者在参观时不能明确感知空间。

（3）半开敞空间

半开敞空间介于闭合空间和开敞空间之间，兼具两种方式的特点，使用时既具有一定的围合效果，又可做到灵活多变，方便处理。

对于设计师来说，商业展示设计首先是对空间的塑造，因为参观者在参观时，会首先与空间发生关系。设计师合理地运用空间语言不仅可以有意识地引导参观者按照既定的路线观展，还可以配合展出的内容对参观者做出心理暗示，达到商业展示的目的。同时，空间的塑造也代表了不同参展方的精神内涵。

总之，空间是展示设计的核心，对空间的处理可以说是商业展示设计中最重要、最复杂的部分，它不仅包括了空间中物与物之间的关系、物与空间的关系，还包括了空间与流动的人发生关系后人的心理感受。

3. 时间

另一个对观众的感知有很大影响的就是时间要素。

首先，商业展示时机的选择与展示设计的成败有着直接关系，可以说，选择了合适的时机，商业展示设计就成功了一半。从气候上讲，春、秋两个季节是最适合出行的季节，在这个时间段内，人会比较兴奋，人对周围事物的探知、感受力最强，所以大多数展会会选择在这两个季节召开，如每年都会举办春、秋车展等。此外，节假日也是举办展会的理想时机。

其次，每个展会都具备周期性。它们在特定时间召开，有效时间很短。博物馆等的展示陈列的周期虽然较长，但也有一定时限，展示周期的局限性要求设计师在设计过程中必须考虑材料工艺。

商业展示空间本身也需要考虑展示节奏的问题，即通过规划影响观众在不同区域内的逗留时间，进而对整个展示空间的展示节奏进行控制。这样不仅可以更好地突出设计主题，表达中心思想，还可以激发观众的参展热情和对所展示内容的认同感，虽然观众在某一区域停留更长的时间有助于获得信息，但过多的停留会造成人员拥堵，妨碍展示活动的正常进行。因此，在设计过程中要充分考虑时间的作用，合理结合时间、空间和人的行为，以获得最好的展示效果。

4. 观众

观众是商业展示设计活动针对的目标人群，其研究价值毋庸置疑。同时，观众又是商业展示发布方进行决策的重要参照尺度，发布方要根据观众来决定具体的展示手法和表现手段。观众对商业展示活动的评价也是衡量活动是否成功的最重要指标。因此，对观众进行深入细致的调查研究是十分有必要的。

（1）观众的构成

①现实观众、潜在观众和目标观众。现实观众就是来到或来过展示场所参观的人。潜在观众就是那些未到展示场所参观的人，是需要努力争取的，因为他们有可能就是明天的观众。目标观众就是展示设计之初设定的观众类型，是设计师希望前来参观的观众。对于商业展示的主办方来说，希望其展示有最广泛的适应性，为所有人喜欢，能满足所有观众的要求。但这是很难达到的，因此，

商业展示设计往往要明确其主要的服务对象。

②不同时令的观众。商业展示观众的构成不仅与展示场馆所在的地区有关，还与举办时的季节相关。一项关于英国大不列颠博物馆的参观数据调查显示，季节性观众结构变化明显。从 12 月到第二年 1 月，大多数参观者来自伦敦及周边附近，参观人数占总数的 50%；到了 6 月，大部分参观者来自北美大陆，占总数的 47%；8 月底，情况发生了巨大变化，大量非英语游客接踵而至，而北美大陆的游客人数则呈下降趋势，只占总数的 29%。

③观众的类型

商业展示的服务面向整个社会，从老人到儿童，从学者、专家到工人、农民，从国家高官到普通大众。他们有着不同的年龄、不同的肤色、不同的国别、不同的职业、不同的文化素质，属于不同的民族，但他们都是商业展示服务的对象。

按年龄差异，商业展示观众可分为老年、中年、青年和儿童四类。老年和中年的参观者目的性比较强，如获取知识、陪同亲人、带领孩子参观等。青年的思维活跃，学习能力较强，能够边听、边看、边思考，甚至能发表一些有建设性的评论。少年儿童求知欲和好奇心强烈，喜欢用手触摸展品，但保持兴趣的稳定性较差。

依据知识层次划分，观展者有专业观众和一般观众之分。专业观众的参观带有强烈的专业针对性，观者具有明确的目的性和权威性特点，数量较少。一般观众的数量较多，成分复杂，目的多为求知、求新、欣赏和娱乐。

按参观目的进行区别，观众可分为学习型、科研型、观光型和购物型四种。学习型参观者多为大、中、小学生，他们大多将展示作为获取知识的第二课堂。科研型观众常为课题研究或产品开发而来，目的性明确，参观态度认真，有时还会对现有的陈列提出更高的要求。观光型观众具有一次性、消遣性、随意性、观赏性等特点，这类观众基本占现有观众的一半以上。购物型观众特点显著，意向性明确，主要针对目标商品而来。

（2）观众的参观心理特征

在参观展览的过程中，展示活动与参观心理相互影响，促使观众心理发生一系列复杂的变化。这个过程包括参观者对展览的感觉、知觉、注意、记忆、思维和想象等多种认识阶段。观众对展示物从注意到认知，从产生兴趣到信任和认同的过程也是展示设计获得认可的过程。

很明显，展示设计在其中承担的作用更多的是引导，而不是说教。对于展示设计来说，其目的就是供观众参观，换句话说，只有观众的参观行为真实发生，商业展示的价值才能实现。在参观过程中，观众的心理活动对参观活动影响颇大。展示效果成功与否，取决于展示是否符合观众的心理活动规律和个性心理特征。所以，在展示设计的各个阶段，都要充分考虑观众的心理活动，并按照这些规律展开设计活动。

①直观性与可信性的结合。正所谓“眼见为实，耳听为虚”，在人们的印象中，直观具象的事物具有无可争辩的真实性。因此，直观的展示比一切口头宣传和文字更具有可信性和说服力。

②整体性和多样性的结合。商业展示中的展品常作为一个完整的事物陈列出来。首先，对观众来说每一个展品都是直观的、多维的、可视的形象性刺激物，它使观众在生动而又形象地获取展览信息的同时，不仅获得了该产品的空间性知识，如形体、大小、距离、方位等，还获取了时间性知识，如展品的运动和变化方式，甚至是历史沿革的知识。其次，每一次展览都有相当数量、多种类型的展品，以及不同的陈列系统相互组合。从这个意义上来说，观众获得的信息种类丰富，具有很强的层次性和系统性。

③兴趣与情感的结合。兴趣是一种情感趋向，是人在接触和认识事物时表现出来的一种意识或情感，是一种积极的情感表现。展品的丰富特性、展示手法的新颖和能亲自动手操作的机会都是引起观众注意、激发观众参观兴趣的重要工具。

针对以上观众的各种因素，设计师在设计过程中应该根据具体情况具体定位，并选择某种具体风格来表现主题，同时可以辅助策划一些观众喜欢的小活动来渲染气氛，加强展示效果。对于观众来说，目的性强的设计可以方便他们获取信息，直观多样的设计也可以提高观众对所传达信息的理解深度，融入情感的设计更能勾起观众的注意。同时，展示效果与他们的心理预期感受越接近，他们就越会对设计产生认同感，进而深刻影响到他们接下来的行为。

5. 内容

商业展示内容是指发布方希望观众接受的相关信息和需要展出的实物，信息的传达可以通过展板、投影仪和视频等方式，实物则主要是通过陈列进行展示。在一些展会上，设计师还会策划有参观者参与的活动、互动游戏和文娱表演等来丰富展出内容，激发观众兴趣。

展出内容的不同决定了展示设计的手法和风格存在巨大差异。如展出珠宝首饰和展出汽车在设计上就截然不同，珠宝首饰需要比自身体积大上千百倍的道具（托架、展柜等）来衬托，而汽车自身的体积很大，几乎没有办法使用任何衬托物承载，只能利用少量道具陪衬或搭建低矮的地台进行空间分隔展示。

因此，对待不同的展示设计内容，要使用不同的设计手段将信息作为展示主体进行展示，其情况更加复杂，手段也更加灵活多变。

严格来讲，展示内容一般需要具备三个条件才可以成为展品。第一，可感性。观众可以通过五官（视、听、嗅、味、触五觉）直接感受到展出的物品。第二，典型性。展示物品要有代表性，能够直接体现展示方的目的。第三，公开性。展出的物品必须放在公开场合，供人们观看。但是随着现代技术的发展，一些新型展会，尤其是展销会向展品的固有属性发起了挑战。

概括起来讲，展品可分为当代实物展品、文物展品、复制品、文献资料和影像展品等五大类。又可细分为工农业展品、科技展品、标本展品、艺术品、文物展品、仿造物、模型、期刊、感官音像、磁性音像和电子音像等具体展品。展示内容是诸多展示元素的中心，一切展示手法及手段的选择都要有利于展示内容的体现。

（二）商业展示空间设计的基本原则

要想造就色彩缤纷的展示效果，我们就必须先了解商业展示活动的一些基本原则。这些基本原则包括：创新、内容与形式、整体操作和多维表达等，它们是展示设计成功的关键。

1. 创新

商业展示空间设计一般具有很强的时效性，展示效果追求新、奇、特，以便引起观众注意，这就需要商业展示设计师具有很强的创新意识，能够打破既有模式，在形式、技术、材料上大胆创新、努力超越，力求给观众以全新的视觉享受。我们经常会看到许多投入不菲却设计平平的作品出现在展会、展馆中，究其原因，是设计师缺少创新意识造成的，由此带给观众的感受也是平淡无趣的。可见，缺少创新意识是导致商业展示空间设计失败的一大因素。

商业展示要应对越来越激烈的同质竞争，为保证信息发布方的投资成效，强调创新意识是一种很重要的手段。例如，在同一条商业街上会集中存在多个品牌服装专卖店，这些品牌的市场定位不可避免地会发生交叉重叠，目标受众也可能是同一人群。这种情况下，商家就需要改变销售策略，而销售现场展示就成为非常重要的一步。这一情况在商业展会中表现得更加突出。一般情况下，商业展示的参展方都来自同一行业，也就是说一个参展方的周围全是同行业的竞争对手，如果这时自身展位的创新意识差，就会导致对目标观众吸引力的降低，更有甚者可能会影响自身品牌的形象。

用创新意识设计作品不仅可以用来应对同行业的竞争，还可以唤起人类内心最本源的动力——好奇心。猎奇心理可以促使观众立刻进入参观状态，步入设计师为其规划的道路，凭着本能冲动努力了解展出的全部内容，并积极配合，甚至参与展示方策划的各种活动，这样的参观过程不仅可以达到预期的效果，还可以在观众的脑海里留下十分鲜明的印象，使设计获得巨大的成功。

2. 内容与形式

内容与形式两者是对立和统一的关系。两者互为条件、互相包容，共同影响着事物的发展。商业展示的内容与形式也是互相依存的，只注重形式表现，使形式与内容脱离，或者只注重内容的传达而忽略了形式的重要性都是不可取的。

原则上讲，商业展示内容决定表现形式，因为展示设计的根本目的是传递信息，也就是说形式是为内容服务的。内容决定了展示设计的方向，但绝不能就此把形式归于从属位置。好的形式设计不仅能为内容展示的过程加分，还能直接影响观众获得信息的效果。所以，想做好商业展示设计，就必须辩证地看待两者之间的关系，使其相互配合，共同发挥作用，提高商业价值。

设计师接受任务后，首先应根据参展商提供的信息分析确定需要展示的内容，然后进行创意构思，这时存在头脑中的只是一些抽象状态的概念、意图和想法。当设计进行到一定阶段，需要进行方案沟通即实现想法时，才会选择采取某种具体的表现形式，以实现设计表现意图，这是一个由内容向形式转化的过程。商业展示设计的内容会对表现形式的选择产生影响，但并不应该是机械的命令，而是要有创作的灵魂包含其中。设计师的思维是两者联系的关键。

展示形式与所表现的内容是否完美结合决定了观众观展的效果。在一些展会上。观众不能很好地理解展示方的意图或是不能很好地获取信息就是两者的不完美结合造成的。因此，成功的商业展示设计应该做到，所选形式能够对原有内容进行升华和再创造。

表现形式会影响观众对展示空间的第一印象，所以往往会产生形式决定一切的错觉。如果设计师只停留在这个层面上来理解形式与内容的关系，所做的设计往往是不成功的。实质上，内容与形式是紧密相连、不能分割的，从内容升华出的形式可以使形式和内容形成最优化的组合，但若只从形式入手，让形式机械地适应内容必然会导致双方关系的脱节，即形式不能充分反映展示内容的精髓，而且还有可能分散观众的注意力，达不到最优的展示效果。

3. 整体操作

对展示设计的认识不应该停留在表面上，应该站在一个更加宏观的角度去看待它。一项商业展示设计任务的完成从策划到最终的制作，要综合应用多个学科的知识。商业展示设计是一个完整的商业过程，从开始到结束都有很强的目的性。设计师只有从这一方面把握，才能在深刻领悟展出方的意图和把握观众心理的同时，设计出更加优秀的展示作品。

首先，参展方要根据展出目的进行总体规划并选择展出内容。设计师要仔细了解展出方提出的规划和其中涉及的内容，确定展示方式和展示主题，并进行市场调研、受众分析，了解使用场地的状况、展示周期和使用经费等细节。对于设计师来说，前期的工作做得越细，后面进行深入设计的把握性就越大，成功率也就越高。

其次，设计阶段的完成主要依靠设计师和工程师的完美合作。其工作主要包括:选择最佳的表现方法，确定空间编排、表现方式、使用材料和使用工艺等。同时，也要将平面形象过渡到三维立体形象，最后制作出比例模型、透视图和细部设计图纸，并根据展示方的意见反馈反复修改设计方案，直到客户满意才能确定最终方案。这个阶段是所有阶段中最重要的部分，它关系到设计师能否正确地理解展出方的意图，进而创造出完美的表现效果。

再次，施工阶段包括施工图的绘制，如展品分布图、灯光分布图、展示空间轴测图、动线图等的绘制和现场施工两个方面。施工图是指深入设计获得展示方认可并最终用于施工的文件，现场施工需要以此为依据。绘制施工图时不仅需要设计师具有一定的实践经验，如材料的特性、使用方法、成本高低和现有条件下技术可能到达的范围，还需要设计师熟知国家的一些相关规定，如防火安全条例等。施工开始后，需要设计师与施工单位相互沟通、积极配合，向施工单位详细交代施工中涉及的工艺、技术、材料等各方面的要求和制作周期。施工过程中，设计师主要负责监督现场的工作，使工程进展尽可能符合预期效果，如果遇到技术难度大而达不到施工要求时，还要及时考虑应变方案，保证施工的正常进行。在施工阶段中，设计师的控制力度越大，施工效果就越接近于设计方案。施工方根据设计师的要求和具体的设计方案，合理选择场外加工或现场加工等不同方式，并按照规定日期及时完成施工这一阶段，关系着最后效果是否与设计方案相匹配，所以需要设计师进行严格有效的控制。

最后，在展出阶段，设计方需要根据展示现场的意见反馈对整个展示过程作出分析总结，并记录下来，形成完善的经验积累体系，为下次设计的充分开展做好准备。

4. 多维表达

随着市场经济的飞速发展和会展行业的诞生，商业展示设计由最初简单的陈列设计逐渐步入了强调信息传达效率与空间造型艺术的阶段。商业竞争的加剧和科技的飞速发展都促使商家在展示设计中需要加入更多的情感因素来拉近与观众之间的距离。同时，多媒体交互技术日趋成熟，为商业展示设计的发展带来了新的动力。在这种趋势下，情感因素更显重要，而作为新型多维表达手段的多媒体交互技术也越来越受到设计界的广泛重视。

多维度的商业展示设计不仅可以更加准确地向参观者传递信息，还能主动影响参观者的心理感受，而且通过多媒体交互技术，观众可以更加自主、自由地游历于虚拟展示世界，并且根据自身需求获得相关信息。多媒体交互技术还有一个优点，就是可以使观众以更低的成本参观展会，提高信息传播的途径和效率。

当今出现的技术当中，多媒体技术和虚拟现实技术都取得了很好的应用效果。如果在接下来的商业展示设计过程中更多地融入高科技表现方式，继续扩展展示设计的维度，那么展示设计必将成为最成功的信息传达方式之一。

三、商业展示空间设计的程序

（一）商业展示主题确定程序

1. 主题构思

商业展示设计主题的构思是一个重要的过程，它关系到后面一系列设计方案的制定，关系到能否达到最终的观展目的，能否获得最佳的观展效果。

在主题确立过程中，无论是策划人员还是设计者，只有针对每个项目的定位点才能准确地找到相应的参与者及消费层次，并通过大量的市场抽样调查来分析对象群的普遍心理和审美口味，最后根据调查结果确定展示设计最终应体现的大体风格特征，从大的建筑、展览馆、室内外场馆、连接通道，逐步细化到具体使用的展具规格、材料细节和布置方位等。

2. 信息传达

信息传达是商业展示设计的主要目的。信息在传达给观众的过程中，会对观众造成心理暗示，进而影响观众的后续行为，最终影响到销售成果。信息在传达过程中要注意三点，即准确性、趣味性和艺术性。

（1）信息传达的准确性

优秀的商业展示设计可以在布展方和观众之间架起一座桥梁，让双方能够毫无阻碍地进行交流。观众可以在现场亲身体验最新型的产品，不仅能够感受到企业的亲和力和品牌魅力，还能近距离地接触商家，与商家面对面沟通。在融洽的氛围中，企业既能与老客户稳固感情，又能发展潜在客户群。而对参观者来讲，不仅可以获得最新最直接的信息，还能够为其后的消费行为提供判断依据。但参观者的人员构成复杂、文化程度多样，不可能花费大量的时间考虑展示发布者的意图，所以信息传播的准确性就显得分外重要。

具体来说，商业展示的信息传达既要准确地表达出品牌的市场定位、产品特性，又要迎合目标受众的审美习惯。这就要求设计师不仅要准确理解展示方的意图、展品的特点和展出的主题，还要认真考虑参观者的接受程度。通过精心的设计准确传递出令双方都可以接收的信息，并为双方接下来的交流提供基础。

正确传达信息是商业展示设计中最基本的要求，而要使参观者更好地接受信息，就要注意增加信息传达过程中的趣味性与艺术性。

（2）信息传达的趣味性

从心理学上讲，好奇心是人类向前进的动力，是每个人心中都具有的原始欲望，它存在于生活中的每个细节，如悬念小说的风靡、户外探险活动的流行，以及事故发生后的围观等，人们往往会在好奇心的驱使下去探究新鲜事物到底是怎么回事，在探究过程中，大脑始终处于一种非常兴奋的状态，对关注事件的印象也会比较牢固。所以，在商业展示设计过程中，常常会通过制造趣味性来吸引观众，以达到良好的展示效果。

当然，展示设计趣味性的表现也要有限度，不能太夸张，否则会起到相反的效果。对趣味性的把握要考虑到参观者的心理承受范围，通常将参观者分为三类：敏感型、追随型和保守型。

敏感型观众接受新事物的能力强，喜欢趣味性极强的设计，越是超出意料之外的设计越能激发他们的热情，他们反而对平淡的设计缺乏兴趣。追随型的观众喜欢一定程度的趣味性设计，并能主动参与其中，获得所需要的信息。保守型观众对趣味性设计反应迟钝，有时甚至略带反感，会采取消极的态度。

综上所述，在增加设计趣味时要区别地对待三种类型的观众，要根据这次展示任务的主要目标人群特征制订方案，对症下药，务必使观众留下深刻印象，从而达到信息传达的目的。

（3）信息传达的艺术性

艺术与设计一向紧密相连，优秀的设计不仅要功能多样、目标明确，还应该具备打动人心的艺术感染力。因此，商业展示设计在满足商业需求的前提下，还应追求更高的艺术性。

商业展示设计主要通过形式美感的体现向观众传达艺术化的信息，这种形式美感的表现主要来自设计师对生活和设计的多年感悟，是设计师审美情趣的外化。它要求设计者不仅要充分地理解展出者的要求，还要有意识地对其进行艺术升华，这样的设计传递的是精神的世界，可以直接诉诸受众的心灵，展出者以艺术的形式传递了信息，而观众也在获得信息的同时获得了美的感受，并对此留下了深刻的印象。

商业展示设计中，艺术语言的应用是产生艺术性的基本方法，艺术语言是感性的、表现性的和精神化的，它包含了设计中最易感动人的部分，属于艺术知觉的结构层次，是艺术化思想和艺术欣赏的媒介。为了避免展示设计作品落入俗套，设计师有必要了解商业空间中的艺术语言，否则就无法用艺术性的语言表达自己的思想。

商业空间的艺术语言主要有两个基本功能，一是塑造空间的艺术语言，二是审美功能的确立。人们总是喜欢唯美的艺术化设计，这就容易诱发观众对展示空间建立起美的认同感，并主动对其展示内容进行艺术化的想象，获得更多的信息。这种艺术形象一旦在观众心中确立，往往就会很难磨灭，并会深深地影响到接下来的行为。

使用艺术化的语言表达，可以在整体上使展示空间具有极强的艺术氛围和艺术感染力，提高商业展示的品位。同时，树立良好的形象可以获得更多的观众关注，达到信息传递的目的。为使设计符合人们普遍的审美习惯，使美有依据，艺术化语言的表达过程中需要使用大量形式美法则，如节奏与韵律、对比与调和、互补与对应、均衡与对称、动势与静势等。

艺术语言在商业展示设计中的应用十分普遍，展示设计经常向绘画、雕塑等借鉴各种表现手段，同时纯艺术也不停地向设计学习，两者之间的界限逐渐模糊。所以为了应对日趋激烈的商业市场，展示设计师应努力提高自己的艺术修养和审美意识，避免被社会淘汰。

传达效果的好坏还与信息密度有关，信息密度越大，信息传达就越不好，因为多个信息并列会分散观众的注意力，较少的信息传达反而会给观众留下深刻的印象。对于商业展示设计来说，空间中所要表现的信息越简练就越能达到高效率的传播。

（二）商业展示空间设计项目运作流程

现代意义上的展示设计不再单纯追求空间造型的个性化发展，而逐渐发展成为对整个展览活动的设计，实质上就是活动策划，这一点也是展示设计与其他空间设计专业的区别。商业展示活动所处的环境虽然十分重要，个性化空间会吸引观众的注意力，但是展示设计并不是以创造一个新异的空间环境为出发点的。成功的展示活动除了展示空间设计外，还应包括活动选择的时机和地点、独特的活动创意、周密的展览礼仪计划和有效的媒介宣传等多方面的配合。

商业展示空间设计作为当今最强大的信息媒介之一，在传达信息，提高企业知名度，寻找商机、吸引客户和树立良好品牌形象等方面作用重大。商业展示活动的实质就是策划信息的传播方法、方式和途径，它具有目的性强、组织周密、参与人数众多等特点，是集体智慧的结晶。一项商业展示活动的成功离不开周密翔实的运作，是通过一系列流程合作实现的。商业展示空间设计项目的运作流程主要包括：项目洽谈、设计、签约、制作、布展、展出和撤展，以及跟踪服务等。

1. 项目接洽

展示活动项目的确立一般是由该活动的上级主管部门在有举办活动意向的基础上研究决定的，这是整个商业展示活动的开始。在项目接洽环节中，要深刻领会委托方的意图，索取相关资料，如客户的文字、图片，以及介绍展示现场的建筑图纸等，然后与商业展示活动的委托方就展示的内容、目的、形式、规模、资金等进行协商。其中，展示文字是整个展示活动的指导性文件，它主要包括两个脚本：展示总体脚本和展示细目脚本。

展示总体脚本的编写内容主要包括：展示活动的目的与要求、指导思想与原则、展示的主题与内容、展示的计划资金、展品的征集与范围、展出规模与面积、表现形式与手法、艺术与技术设计、施工管理与要求、展出的内容与特点等。

展示细目脚本的编写主要包括：对每个部分的主副标题、文字内容、实物和图片、图表的统计等都基本明确，对展示道具与陈列、照明与色彩、材料与工艺、表现媒体及形式的建议等都有明确要求。展示细目脚本是对总体脚本的细化，是进一步设计的指导性依据。

在文字脚本的内容制定之时，需要由专门分管事务公关的人员负责征集与选择展品资料，并进行登记和注册。注册的目的主要是为展示设计的具体化做准备，同时也为结束展览后的清理退还工作奠定基础。

项目接洽阶段是整个设计活动的开始，是委托方向设计师交付设计任务的阶段。设计师只有深入了解委托方的意图，才能在接下来的设计活动中紧扣主题、找到创意点，为接下来展示设计活动的顺利进行做好铺垫。

2. 设计

设计阶段是展示设计师运用创造性思维将展示主题和内容进行形象化表现的过程，这一过程一般分为三个步骤：有关资料的搜集、设计的创意构思和设计构思的表达。

（1）有关资料的搜集

为了确保商业展示设计方案的顺利进行，在正式展开设计工作之前，设计师需要全面搜集、了解和掌握以下资料和数据：

①对客户的调查和了解。

a. 了解客户的企业理念。如果展示的内容和企业有关，那么就必须了解该企业的经营理念和企业形象，准确把握该企业的视觉传达系统。现代的商业展示设计往往都会引入“企业形象识别系统（CIS）”的概念，利用统一的形象，达到整体的视觉传达效果。这个形象系统包括标志、色彩系统、符号系统、吉祥物和广告语等。

b. 熟悉客户的展品的种类、尺寸和数量。在设计开展前，设计者必须了解实物展品的长、宽、高等具体尺寸，以及其材料、质地、特征、种类和数量等，这直接关系到了展具的制作、展示的方式和空间的构想等。

c. 了解客户的布展目的和预期效果。客户的布展目的和预期效果是商业展示设计的出发点，设计者只有对其充分理解才能准确把握设计的方向。这就要求设计师和客户要及时沟通，不定时交流，认真思考客户的想法，以避免后期的设计走入歧途。

d. 对市场的调查。市场调查主要是为了了解同类展示活动的形式和技术应用、目标观众对一般展示活动的认同感及对展示效果的评价，以分析影响展示效果的各种因素，掌握展示活动中使用电动、电子、光电和其他技术产品的各种参数、市场价格及厂家。通过调查，还可以对客户的主要竞争对手进行了解，做到知己知彼，保证后期的设计效果。

e. 布展现场相关资料。布展现场的相关资料主要是指展示空间的各种情况，如测量实际的空间尺寸，包括空间的长、宽、高、柱距、门窗的开启方式、天棚吊顶的结构形式等，以及原有的照明设施情况，如展厅的供电、插座等。另外还应包括检查现场的消防设施。如果展示过程中需要用到大型的机械设备和电动装置，还需要查看场地的地面负荷情况和供电线路的负荷。

（2）设计的创意构思

在对设计目的和要求有了详细了解之后，设计师便开始进行真正的创意构思。一个富有个性及特点的创意会引导着设计向正确的方向发展，最终达到预期目的。创意构思主要分为两部分：总体设计和单项设计。

①总体设计。总体设计是整个商业展示设计的关键和基础，它对各单项设计设定了统一的规定、原则和要求。总体设计从全局和整体的艺术效果出发，来确定展示空间室内外环境气氛、总体的平面布局、空间的衔接与过渡处理、各展厅的平面布局和空间形象、总体色调与各局部的色彩关系、整体与局部的照明设计、统一的版式设计，以及装饰风格和展示相关的一些设计项目，如会徽、宣传品、纪念牌、票证等。总体设计师在这一过程中必须以整体的观念来从事设计活动，全面统筹，以保证展示设计的完整性。有了上述这些周密的考虑与设计，其后的各项设计才能在此基础上确保设计风格的统一，并取得好的设计效果，避免财力、物力和时间上的浪费。

总体设计主要体现在展示空间的规划和展示基调的确立上。

展示空间的规划主要是指展出场地的平面、立面和空间的组织过渡安排。平面的组织规划应根据展示内容的分类划分出各具体陈列功能的场地范围；按展出内容的密度、载重、动力负荷考虑总体平面空间面积的合理分配和确定具体的空间尺度；根据观众流线、客流量、消防通道等规划公共场地的活动面积等。立面的组织规划需要根据各个展示功能的地面分区考虑其展线的分配，从而确定合适的展示内容和表现形式。空间的组织过渡安排需要在平面、立面规划处理的基础上，根据建筑结构形式确定最终的空间组织方式。

展示基调的确立主要指展出环境的色彩基调和文风基调。展示环境的色彩基调主要来自环境色彩的色相、纯度、明度的选择和搭配等，色彩组织的关键在于根据展出内容的特性、展出场地的环境特色、展品的固有色彩、展出的时间季节、展厅的采光效果及功能区域划分等因素，来选择适宜的色彩基调，并提出相关色谱，画出色彩效果图。展出形式的文风基调主要指文字的表达效果、中英文字形的选用和比例尺度、书写加工的规范等与字体设计相关的因素。

②单项设计。商业展示设计的各个单项设计是在总体设计的指导思想下，按照具体的展示要求进行设计的。一般包括六部分：展示外部环境气氛的创造、各个局部展厅内部环境气氛的创造、展示道具设计、展示的动态演示、展示的版面设计和纪念品等。

展示外部环境气氛的创造。为了达到吸引观众的效果，如果建筑周围有较大空间，可以在建筑物的正面墙上或门楣上、门廊上挂徽标，并通过设计花坛、旗帜、广告牌、雕像、塔门、灯彩和电动装置等加以渲染和强化。

各个局部展厅内部环境气氛的创造。其主要通过空间界面内的色彩、展厅内悬挂的旗帜、照明、标语、照片、会徽、彩灯，摆放或悬挂花草，使用霓虹灯、电子显示装置和广告装饰来表现。大型展会的各个展厅，要在总体设计的基础上各有特点。根据内容展示的需要，可以选择吊顶升降、地面高低变化、墙体倾斜等手段创造不同的空间形象，再配合色彩、照明、装饰、激光或电子技术，引起观众的兴趣。

展示道具设计。展示道具设计是在总体设计风格的指导下进行的，在尺寸上既要符合展品尺度要求，又要符合人体工程学的要求。在装饰、造型、色彩和肌理等方面，要符合视觉传达设计的规律，让人赏心悦目。展示道具的种类主要包括：展台、展柜、展板、展架、布景箱、屏风、花草、栏杆、方向标牌、单位标牌、标志广告牌、灯箱、各种小支架，以及沙盘和模型等。

展示的动态演示。商业展示的动态演示主要包括光电展示、动态展示和影视设施等。光电展示是指使用光电技术的显示屏幕来达到展示效果的行为；动态展示是指通过诸如转台等电动设施达到展示效果的行为；影视设施包括单体的录像放映屏幕、组合式的录像连接屏幕、多幕电影屏幕、巨幅幻灯屏幕等。

展示的版面设计。展示的版面主要包括四部分内容：展览版面、展览招贴（海报等）、展览宣传册、参观券和请柬等。

纪念品。大中型展览会和某些具有纪念意义的展览会或展出活动，都会准备一些纪念品（提袋、日历、钢笔、圆珠笔、卷尺、画册和纪念册等）来用于赠送或出售。这些纪念品上都会印有展览活动的名称或厂家、集团的标志与名称，这都可以起到很好的广告宣传作用。

（3）设计构思的表达

优秀的设计构思不能仅停留在设计师的脑海里，还要通过具体形象的设计实现在图纸上，这种表达的过程是使展示设计的概念和内容形象化，由计划转为现实的必要步骤。表达方式主要是方案图和预想图。设计方案图主要包括平面布局的方案图、各展厅的平面、顶面与立面方案图、道具设计方案图、室外环境设计方案图和版面设计的方案图等。预想图则是指能比较清晰地反映出展示设计的艺术风格特点，方便于有关领导部门的了解和审核，如展示空间预想图、展示色彩预想图、照明效果预想图等一系列直观的表现图。

3. 签约

签约阶段是展出方和设计方达成共识的阶段。在这个阶段，设计方会向展出方提交设计方案和预算造价单，若设计方认为预算报价合理并且设计方案优良，双方则会签订合同，然后展出方按合同拨款、购买材料，做施工计划，进行制作和布展等。

设计方案的开展我们上面已经提过，下面我们着重介绍一下预算工程报价的概算方法。

（1）商业展示工程造价概算方法

根据国际惯例，设计、布展的预算费用都是用场地租金作为计算的基数，这就是概算法，虽然有点误差，但大体上差不多。对于财务主管和主办方的负责人来讲，掌握这种概算方法有利于管理工作的进行。

（2）展示工程造价预算的详细算法

上面提到的展示工程支出费用的概算方法只适合主办方的领导和财务主管，而承办方的领导、设计师，尤其是预算人员，则一定要熟悉展示工程费用的详细算法，并且列出简明、精确可信的预算报价清单，呈送给展会主办方。因为涉及展示活动花费项目的价格变化太大，很难把握，所以要确立一个合适的预算，过去那种凭经验做预算的方法已经行不通了。

4. 制作

制作阶段是整个展示活动布展之前的准备阶段，这个阶段要把展示脚本上列出的展品清单置办齐全，并把设计方案中提到的展示模型、道具、招贴、图片、宣传册等制作出来，具体包括以下几项内容：

①展示空间立面部分的制作，如展示空间所需的整体风格造型、结构框架、展台和陈列设施等。

②展示空间平面部分的制作，如图片、标志、图表、文字等。

③展示空间所需演示部分的设施租赁和制作，如多媒体演示、投影仪、音响、大屏、灯箱等。

④展示活动所需的宣传活动方面的制作，如招贴、宣传册、请柬、纪念袋、礼品等。

⑤当一些展会无法提供展示实物时，还需制作实物模型。

5. 布展、展出和撤场

一般而言，展示活动的布展时间是非常有限的，故要求有计划、有条理地进行。要防止违反施工程序，给工作带来反复、窝工。形象布展工作主要包含以下内容：

①组合安装商业展示空间主体控件。如拼装已经准备好的摊位、构架、吊

挂展板等。有时展具是同商业展示空间主体构架同时进行安装施工的。

②铺设照明路线，安装照明设备，粘贴装饰面材，并安排经营标牌、标志、文字、图形等。

③安装展具。将展台、展柜、展架、展板等展具安排到位，并进行清洁和装饰。

④布置展品。一般应按照先上后下、先后再前、先高后低、先里后外的顺序进行布置，尽量避免违规操作。

⑤检查调整。展品布置完后，应进行从远到近、从上到下、从左到右地全方位的检查、审视，找出不妥或不如意的地方，及时进行处理和调整。

⑥收拾打扫场地，保持展示环境的清洁和卫生。

⑦根据展示内容的需要，做好展会服务人员的礼仪、演示、操作、讲解和表演等相关方面的培训。

在展出阶段，有以下几项需要多加注意：

①接待服务。商业展览会在开展期间要进行洽谈、交易活动，因此应设有咨询处和洽谈空间。咨询处一般安排在比较明显的区域，如展览正厅的进口处，以为观众提供与展览活动内容相关事宜的咨询，发放宣传材料，解答相关问题。大多数商业性展览在展出期间会有专门的业务洽谈空间，工作人员在此可以详细地介绍展品与企业的情况，甚至进行交易工作。一些重大的商业展览，还会考虑和安排贵宾的邀请和接待工作。此外，还有针对新闻媒体（报纸、电视等）的来访而准备的接待工作等。

②后勤保障。展示活动中的后勤保障工作通常指的是展出期间的场馆信息设备、电力设备、机械设备及展品的维修护理，场馆卫生清洁状况的保持，展出期间用车的保证等，这些工作应设专人负责。

③安全保卫。展示活动往往在人群簇拥、展品向观众敞开的环境中进行，因此展示活动的安全保卫工作十分重要。面对众多的参观人群，展区必须保证安全通道的畅通，建立工作人员值班制度，防止展品的丢失与损坏，做好防火、防盗、防爆等措施的完善和落实，确保人身财产、展区的安全。特别是发生紧急状况时，要有紧急处理预案，以防遇事仓皇失措，造成人员财产的重大损失。

撤展阶段是指展示活动结束后的善后工作。根据总体计划要求，本着按时、高效的原则，进行一系列有序的撤展工作。对于大多数展览，撤展时间一般为两天左右。撤展对应注意以下几点：

①做好撤展运输方面的工作，办理好撤展的各种手续，撤展人员安排到位。

②展品按清单查收、核对，注意小心存放，避免展品丢失和损坏。

③注意拆装有序、操作合理，保证人员安全、设备安全。

④专人负责，做好撤展中的一系列管理与协调工作。

6. 跟踪服务

跟踪服务是商业展示空间设计的后续过程，主要包括对所展示的内容传达效果的直接影响力和对个人、行业、社会的潜在影响力两方面的调查分析。依据往往是从展示的机能和传达诉求点的表达充分程度来看，其次是送信方对预期效果的自我判断和接收方的印象程度判断。前者为展示的主办方、参展方、创意设计方的诸客观因素，后者为受信方的判断、理解、共鸣等主观因素，可以用电话咨询、跟踪访问、书面填表等调查方式统计分析评价倾向的数据和分布，为以后商业展示的设计开展积累经验。

第六章　环境艺术设计教育

第一节　中国的环境艺术教育

环境艺术专业教育在中国的发展速度之快令人吃惊。从第一批环境艺术专业的毕业生开始，一直到各艺术院校广泛开设环境艺术设计教育，仅仅花了大概不到十年的时间。中国开始出现了除建筑学专业外，以环境艺术设计作为研究对象的专业。从这个专业毕业的学生开始，中国的环境艺术设计师便开始了自己的设计探索，试图闯出一条属于自己的设计路子。虽然他们的作品相距“杰出”还有一定的距离，然而有不少人数年来如一日，在这一领域辛苦耕耘，坚持自己的职业理想，使得中国的环境艺术设计开始为人所知。作为从事这项专业教育的教师，一直都在思考这样的问题：十几年的环境艺术教育，这条路子到底对不对？如果对，事情将如何继续；如果错，将如何去纠偏？为了对这不长的历史有一个回顾，我们还是得从环境艺术的称谓说起。

环境艺术的概念本身就是一个含混的概念，解释也是多种多样。然而，它是我国设计教育发展的历史性产物，把它当作艺术课题，可以肯定地说是个不得已而为之的历史性误会。按中国的惯例，一切与人们生命财产相关的建设类行业都在中华人民共和国建设部的统一管理之下。因此，从职业注册管理到职称系列都必须按建筑行业管理机制运行。对于在教育机制上我们应该怎么处理是个大问题，我们没有必要去追究其称谓上的合理性，要重视的是它的实质性教学内容，以及教学成果与社会需求的关系。

其实，定义上的“含混”也从另一方面带来了环境艺术专业发展的自由度和多样性。从建筑出发也好，从公共艺术出发也好，从室内设计甚至从景观设计出发也好，只要有特点、能优化人们的生存环境，我们不妨都称它为环境艺术。

但是有一点必须明确的是，环境艺术设计的实施是一种营造的过程。建筑材料及公共艺术构成材料的运用有其特定的科学规律。建造或改造房屋，修建特定的、有一定尺度的构筑物必须尊重技术规范，要有起码的结构知识。提高环境质量要关注建筑物理问题与环境科学问题……人居环境的设计涉及诸多学科，这一类设计教育的科学性内容无法或缺。生活方式的设计，不管它的称谓是什么，人们还是要用科学的精神来研究。这方面的教育中科学和技术的教育是不可少的。真正敬业和称职的环境艺术设计师的职业素养中还包含着对科学精神的崇尚和对技术的尊重，他们的职业道德是建立在对艺术的追求和对科学的尊重之上的。

由于环境艺术学科的涵盖面较为广泛，这个专业的教学领域也在不断地拓展。当然，各类学校的教学倾向不同，在教学上强求一致是没有必要的。可是，其对于学生知识面的拓宽是科学的、合乎社会发展要求的。学生在知识上的宽口径培养对学校提出了更高的要求，尤其是环境艺术的教学中艺术课程与技术及其他人文学科类课程的比例和相互关系常常会制约这个专业的深入发展。因此，有必要从环境艺术教学的体系上来做一下分析。

第二节　环境艺术教学的体系

对环境艺术有关的理论（概念）问题的探讨使我们从纵（时间）、横（地域）两个方面作了一些史学上、美学上、技术上和艺术上的研究，由此我们建立了这样一些关于环境艺术的基本概念：空间、空间关系、空间结构、场所、自然场所、场所的属性与特征、共生意识、环境艺术等。特别是从所谓“空间关系”与“空间结构”入手来研究我们的生存空间及其形态，构成了我们生活于其间的所谓“场所”——人们“生存环境”的一个最为直接的组成部分。“居住”是人们生存的主要形态之一，它必然与“场所”的质量相关。因此，场所的质量，即环境质量就是环境设计的主要课题。这一切都牵涉人类与动物、植物与山川、大地的情感。因此，一个人、物、天、地之间“共生意识”的建立是必不可少的。实质上，环境的艺术就是创造良好场所的艺术。自然场所是环境中最可宝贵的部分。它的存在意义在于它自身的空间结构的特征与属性。它们可能是相对独立的，或者是与人工场所相毗邻的。它是整个生态平衡的支撑，又是环境艺术整个文脉系统的重要组成部分。它也客观地制约着人工场所的形态构成与发展。

总之，环境艺术的研究应从人们生活态度和生产方式的变迁，以及科学技术与产品结构的进步加以研究，它们始终是更新结构技术、构造方式，以及设计手段的基础，也是引起历代艺术思潮与人们审美立场变迁的主要因素。相应的艺术法则、设计思想，以及有关的教育机制的变化有其更为复杂的成因，但是，就本体而言，环境艺术的研究范畴不应离开人们的生产与生活内容，即日常生活的具体内容。教学研究要有侧重点。任何教学体系应该针对专业人才的基本素质要求来研讨，应该强调学生素质与潜力培养，以及不同学府的环境艺术教育特色。

自从20世纪80年代以来，环境设计活动在中国有了极大的发展。对于景观设计、城市设计、建筑设计和室内设计的认识，与以往的几十年相比，人们在看法上有了很大的变化。同时，对在现实条件下如何进行我国的环境设计教育有了初步的共识，那就是以建筑为“母体”，不断向其外延扩展设计艺术的教育领域。在充分重视、解决有关技术问题的同时，注意培养学生空间艺术的形象构思与表现能力。环境设计有其明确的科学性和综合性，因此，广泛的技术与艺术实践是学习这门学科的最好课堂，而学生的综合能力的培养则是这种教育的基本目的。学问对象及培养目标是环境艺术学生一入学就必须立即明确的根本问题。对于学问对象和培养目标的明确限定，也是教学指导者和执行者从事教学的基本出发点。在这个问题上是一点也不能含糊的，否则，教学工作就会在整体上陷于混乱。因为，学问对象和教学目标的确认将决定教学的内容、教学方法、教学的形式与特色，以及师资结构的基本构架。一个健全的教学体系必须以其在对象和目标上的明确性来限定教学过程中的内容和必修课程之间的逻辑关系，以及在相应方面的灵活性。就环境艺术专业而言，它将对该专业的认识基础、艺术基础和设计基础的教学内容、方法，以及三者之间的相互关系产生有效的指导与制约。

认识基础包括以下几个方面：对职业责任的理解、对理论与实践，以及应掌握的设计技能与现实工作的需要之间的关系的把握。环境设计师的职业责任是保护、美化以至优化人们的生存条件。设计哲理的产生与他们对于人们生存条件与生活方式的关照与思考休戚相关。这个问题是教学的起点，也是教学高级的、自由的境界。

艺术基础包括：感性与理性、摹写与创造、共性与个性、质量与效率。

设计基础包括：营造的艺术、营造的技术、界面的外延、界面的内涵，以及设计的综合能力。

简要地讲，要重构环境艺术教学体系，教学目标的定位要切合实际，无论师资构成如何，以优化整体环境为主要出发点是正确的。教学研究的基本路径应该在原来的基础上有所拓宽。在职业修养上，可以以本土生态及社会环境为基础来营造环境艺术的科学与文化的认识体系，从能力上奠定环境设计师运用设计艺术语言基础。而一个每时每刻都必须思考的问题是：如何建立生存环境、技术与艺术的共生体系，以及如何处理好现实与未来的利益关系。

环境艺术的基本理论研究应该包括：环境设计史、建筑设计原理、古典园林、古建筑构造、建筑物理、材料与技术、结构发展史与相关的公共艺术问题、环境心理学、环境科学，以及生态科学的有关文献研究。在环境设计方法研究上，分析二字是关键。分析方法本身的比较与学习、表现方法的比较与学习、实践程序的比较与学习、环境综合效益的分析方法的比较与学习是有效的教研手段。就营造技术而言，建筑构造、设备与通风、照明、高级装修，以及有关的市政工程知识是学习的重点。当然，命题设计仍然是最有效的教学途径。根据环境设计的要求，命题设计可大致包括：环境规划、城市设计、建筑设计、室内设计、园林设计、古建筑保护，以及高、中、低收入城市公寓、乡镇住宅与高级住宅人居环境的专题研究。

以“一个界面的两个方面”的设计思想来指导环境设计教育具体过程是这些年来环境艺术教学方法上的主要心得。它可以说是一种以中国的营造学思想为基础的设计哲学，一种营造学（建筑学）定义。它将影响我们的研究方法、教学思想，以及我们对社会提供服务的方式、方法与侧重点。构造可以理解为营造，是营造的狭义注释。而兢兢业业营造意识的培养是设计师一生都得做出不懈努力的事。要建立环境设计的整体意识，以下的课题在环境设计学教育中的地位将是必不可少的。

①感官。视觉、听觉、嗅觉、触觉和味觉问题。作为一种独特的艺术形式，环境设计应直接或间接地从时间、空间、物化了的形态或其他媒介来刺激人们的感官。

②需要。生存、安全、财产、身份、享受及兴趣。这种艺术应能通过对“环境共生”的体系的平衡来刺激并关心人们，给他们提供信息、官能上的满足和快乐的生活环境，让人们能无忧无虑地获得各种需求的满足。

③潜力和机会。建立在整治环境原则上的环境设计，应能与使用者达到交流，使人们了解并以他们自己所居住的地方（过去、现在和未来）为荣，并保护它免受损害。同时还应当在科学和美学准则指导下，为将来的发展留有余地。

④意义。环境设计作为某种象征性思想、信仰、生活方式、习俗以及其他一些文化因素的体现，需要设计者在设计语言的掌握上有相当的能力。也就是说，从环境形态学角度上讲，能熟练地运用各种环境设计形态进行设计。

从这个角度理解，环境艺术不能被简单地理解为给空间加上艺术作品，因为环境的素质是一个许多方面合成的整体。基本的环境问题定义了环境设计的属性。设计场所的价值和意义不会只从其视觉品质中体现出来，在人与设计场所，人工事物与自然之间一定要有某种适当的交流，同时还牵涉现在、过去与将来之间的关系。作为一种实在的生存环境，场所应能达到某些生态标准，满足人类如功能上和经济上的一些具体需要；作为一种抽象的艺术，它应能展示一种健康的未来环境并能从精神上满足人们，为他们提供刺激、容忍不同的偏好、并尊重人们自我发现的各种意义。本质上，环境设计是一种有关人与自然之间关系的变化，新与老之间的平衡，追求真实生活平衡的一种艺术。这些属性决定了环境设计是一种综合性的职业。与建筑师、雕刻师相比，一个环境设计师的自我表达在很大程度上是带着整体性的。作为一种环境治理工作的环境设计，设计师眼里的艺术和科学、官能满足感和精神需要之间没有严格的界线。因此，我们可以认为对环境美学全面的理解需要科学上的成立（遵守如生态可行性和“统一感”的自然法则）、功能上（官能上）的协调（使人在生理上和心理上满足）和感觉上的美好。环境设计师就是一个能将最高境界的环境艺术与必要的科学知识和设计技巧结合起来的专家，环境的保护者承担着合理使用土地、避免和恢复任何可能的环境损坏的重任。当然，这是一个可能需要很长时间才能达到的苛刻标准。因此，一种能将科学、社会与文化和设计技巧看作是同属一个和谐的知识领域的跨学科的教育体系是必需的。虽然现在依然存在很多问题，但是，发达国家中对不同课程设计的尝试，展示了建构这一教育体系的可能性。

如果我们认同环境艺术的存在必要性，那么环境设计语言和艺术语言之间就一定有某些同属一种更高一层的艺术表达方式的共同联系。如同在诗歌、音乐中类似的情况。从美学上讲，我们把其看作任何艺术语言中的最重要的原则之一。在某种文化背景中，艺术成果中的相关性是另一重要的美学思想方面。我们把这种艺术特征称作多样化，它为我们提供了多种美学可能性并能使人们参加进来，这是我们在使用环境设计艺术语言时应该达到的境界。与此同时，在某种艺术氛围中一些象征意义得到了展示。例如，一个哥特式教堂的内部装饰和音乐就可能会唤起一种神圣感，一个道家寺院及其周围环境可能会带来隐居的感觉。人们高度评价这些地方并非是因为它们被设计得“美丽”，而是因为其整体气氛。正是这种整体环境成了其象征意义的载体，而这种意义又产生了超越其客观存在局限和简单的官能上的满足感的美学意义。

高素质的艺术表达方式比普通语言的交流要强烈得多。在有限的空间和时间里面，艺术必须提供精美的形象，唤起高度的情感和丰富的联想并体现复杂的思想，我们需要这种语言，因为我们在某种程度上来说，是被某种表达模式和生活方式所限的，并常常缺乏充分表达自己（如感情、感觉、心情和理解等）

的机会。这就是为什么我们会把灵魂、气韵、精神实质等词与环境和某些环境设计联系起来，这也是许多环境艺术家和设计家把自己投身自然及自然美的保护之中的原因。从这个意义上讲，环境艺术与设计同是扎根于环境美学思想的土壤之中。这一点可以从艺术家们把环境描绘与自己的美学理想结合起来的方法中看到。即便是在极端的特例，如梵高的色彩和心理味极浓的风景画中，也还是具有一种很强的设计感，他的太阳不只是在天空中升起，而是将天空纳入动感之中，紧密的纤细线条充斥着画面，像无数的电流，每个物体都有着它自己的磁场。而这种设计感，或者可以称为二维的环境处理方法和数学上的准确性，其主宰了欧洲绘画艺术几个世纪。即使是在20世纪，这种理性力量的扩张仍在不断地延续。而当代的环境艺术对我们来说不仅仅是一幅画。如果我们能将设计和设计形态之间关系的考虑与艺术的研究和环境美学结合起来，我们才有可能达到一个认识的新境界，并可以为设计思想的基本研究奠定坚实的基础。

设计教育中的艺术是个老话题，一旦我们将艺术与环境整体性、人类文化研究联系起来，并在艺术和环境设计形态学之间建立一种不可分割的关系，环境艺术研究（所有空间形态的共生）就会被赋予新的意义，并对环境设计产生巨大的影响。这就是所谓的环境形态学的艺术内涵：一个综合的、整体的对环境设计语言的理解和运用。然而，在很多现行的环境设计教育中，艺术仍只是艺术。相关的教学一般只是从美术角度出发，并且通过一些设计室、工作室和一些具体研讨会等不成系统、散碎的方法进行的，这样会使学生很难将设计方法与相关的艺术要素衔接起来，不能在一个美学高度上完全整合理论，并把各部分的艺术知识运用到真正的环境设计工作中去。

第三节　环境设计教学之设计表达

环境设计的表达是环境设计教学的一个重要的方面，对其基本技术即表达技巧问题的学习，实质上是一个对设计语言运用技能的研究和学习的过程。这里所说的表达不仅包括那些便于业主们易于理解的效果图，还应涉及那些较原始的、未加修饰的，但更接近设计师心灵的有关设计的视觉材料。一个好的设计表达应是设计师知识与技能的结晶、综合艺术修养的体现。虽说表达设计的方法和风格是多样的，但有些基本技能还是共同的，也是必备的（诸如结构、功能、构造及工程制图知识等等）。另外，设计师还得有一定的素描功底、速写能力，以及相应的色彩知识。上述两者的结合方能构成一个设计师较为全面的设计表达基本技能。如果能做到在两者间你中有我，我中有你，处理起设计构思问题时就会顺利一些。经过长期历练后，善于总结的人，是一定能“得心应手”的。

虽然说任何一种形式的设计表达最终都是要用极规范的技术语言来加以肯定、传达的，然而，这种与逻辑的技术知识相关的技能是容易习得的。而如何顺利地从构思向设计表现过渡，则取决于素描与速写能力，即形象构思能力。这里所指的形象构思能力，往往与绘画的要求不同。有关设计专业的素描、速写和色彩的认识往往要偏理性一些、概括一些。其间，物象的结构与构造是关键。设计师那种“无中生有”的能力仿佛更为要紧。因为设计本身可以说就是一个“无中生有”的过程。

对于设计师来讲，“无中生有”的素描是一种“心象素描”，其视觉材料比仅仅强调观察物象结构的做法更向前走了一步。不光画结构，搞分析，还要画出一点自己创造的东西。设计师在习惯上总是要在工作时去改良、完善、构造、补充一些自己认为合理的、有趣的、美观的以及有用的东西。以光线为例，对设计师来讲，光是自然的，也可以是人工的。而自然光也是可以“引”用的、反射的、调配的。也就是说，光的表现对设计师来讲，可以是客观的，也可以是主观的。如果把认识建立在这个基础上，素描的面貌就会变得丰富起来。速写，是设计师的基本功。速写能力差，手脚慢，自然就会影响到构思的表达。这个道理很简单，但要想在速写上做到得心应手，没有长期的训练是很难达到的。

设计师的个人修养往往也与他本人的表达能力密切相关。从某种意义上讲，它是设计师的思维能力、综合能力的体现，是他对其民族或地方文化的感悟能力的体现。

就一般现象而言，下述几个问题是值得思索的。

首先是理性知识与感性认识的关系问题。从设计思维的角度来看，那些与设计有关的功能问题、环境效益问题及相应的技术问题和最终要落实的空间关系问题的处理必须是要有逻辑的。其思维形态是理性的、抽象的。作为思维成果的空间关系，要有其遵循着的特定的空间秩序。显然，对这种关系与秩序的设计表达往往也是理性而抽象的。我们在教学与设计实践中常涉及尺度、比例与轴线及空间或物象所构成的相互依存与关系、“拓扑”关系的表达，我们对风景形态，城市形态，以及某时、某地的特定色彩关系的提炼，都从不同侧面反映了对设计思维与表达的这种理性要求。

因此，对设计者来讲，从抽象艺术中汲取必要的营养，从与设计创作的相关的形式感问题中去研究图形本身的内在含义以及其相互关系是大有裨益的。

然而，我们的生存环境毕竟是一个具体的，由实实在在物质环境构成的空间。人、动物与植物的共生现实要求设计师按照生态要求去具体安排特定环境下的特定生存方式。这个方式的安排往往要求一种空间形态上的实在，而这种实在有时甚至要求有一种毫厘不差的精确性，所谓的“人机工程学”就是这样产生的。这也从另一方面决定了设计表达的另一特征——具体（具象）性。所以，不时地强调一下设计师的写实功夫也是有其职业上的必要性的。

其次无论是从治学的角度上讲，还是从实际工作的需要出发，抽象与具象的表达能力对设计师来讲都必不可少。理性地去思考与感性地去认识空间关系、物象存在方式构成了设计师区别于他人的语言表达方式。它也正是确保设计全过程得以顺利操作的业务基础，是从思考走向具体设计成果的“言语”途径。

随着世界性文化交流的发展，东西方文化的相互影响与渗透是必然的。然而，有意识地去学习他国、他乡的经验与下意识地被外来文化所俘虏之间有着原则上的区别。“言必称希腊”早已成为笑柄，同样，“坐井观天”也是自古为世人所不齿的。论及修养，则有个知识面的问题，有个东西方文化的比较问题。就设计实践而言，自觉地去了解、比较东西方设计语言上的共性与个性是一个长期的治学任务。从思维方法到表达方式，甚至表现手段（媒介）上广泛比较与学习显然是有益的。CAD 技术在设计学科普及，以及设计方法学方面的丰厚成果就得益于交流与学习。设计方法改进了，工具改革了，也就意味着表达方式的变化。这是历史发展的必然，对此不能置若罔闻。

然而，工具越是完善，设计思想也就越不能混乱。先进的技术仅是设计文化的一个侧面。个性与独创性才是设计艺术的灵魂。正如我们不能以咖啡代茶一样。因此，对中西文化较客观的了解与认识是个鉴别能力提高的关键，是去粗取精，去伪存真的能力培养的关键。

当然，除了横向比较东、西方的设计文化之外，设计师的“修养”还牵涉一个纵向比较的问题，那就是对历史与现实的了解与认识问题，这同样也关系到设计师的设计思维方式和表达水平。设计个性与民族性、地方性密切相关。这里，对传统的设计思维方式认识、构造技术的理解是关键。

这里所提到的民族性、地方性指的并不仅仅是从某些典籍和教科书中提到的官式、殿式建筑环境。那些与民间的艺术民居有关的、与中华大地的自然山水紧密结合的民间村落更具有魅力，其本身就是一本生动的教科书。

当然，现实生活的方式、相关的技术进步，以及人们艺术趣味上的变化与传统文化还是有一距离的。因此，这里就产生了一个对传统文化的扬弃问题。这也进而要求学习者或借鉴者去比较深入地了解过去，用自己的笔墨去记录，去分析。基于这样一种要求，在学习了传统，了解了地方文化之后，一个优秀的设计师在表达自己对现实生活的设计意念时，往往能在新的设计中体现自己作品与自己文化根脉相连的精神。在这一方面，老一代设计师，都有着杰出的表现以及中肯的表达。

再次一个值得提及的问题是对工业革命之后的设计传统的理解。这也是设计师个人修养的另一重要侧面。对现代设计语言的掌握，无疑是一个设计师重要的基本功。尤其是对诸多的工业产品的认识与实际运用能力，其应被视为教学与实践的重要内容。在这个新体系中，设计表达的方式与过去是不同的，形式感上也有较大差异。可惜的是，在一些地方人们忽视了对经典作品的分析，因此也造成了许多误解。从某种程度上讲，简单化了的现代风格，例如“方盒子”等，造成了我们设计表达上的许多误区。在教与学的活动中形成了一些“公式化”的倾向。更为严重的是，当设计师意识到自身设计语言贫乏时，往往也就失去了判断能力，求快、求新、求奇，在“欧陆风”、后现代等流行样式的影响下，其常常会在设计与表达上失去独创性与个性。

最后，修养离不开认识能力、判断能力与知识的深度和广度。对设计师来讲，理性与感性的平衡，对东西文化的深入了解与比较，对传统与现实的深刻理解，三者都是设计与表达的重要基础。对待这些问题不能只用实用主义的态度来解决。虽说修养高低只是相对而言的，但作为认识与设计的基础，其研究却是长期而严肃的课题。

参考文献

[1] 傅昕 . 环境艺术设计专业标准教材展示设计 [M]. 上海：上海人民美术出版社，2018.

[2] 张一帆 . 环境艺术设计初步 [M]. 北京：中国青年出版社，2018.

[3] 王鹤 . 环境设计专业公共艺术教学实训 [M]. 天津：天津大学出版社，2018.

[4] 吴相凯，黎鹏展 . 基于环境心理学的现代室内艺术设计研究 [M]. 成都：四川大学出版社，2018.

[5] 王芳 . 环境艺术设计初步 [M]. 合肥：合肥工业大学出版社，2010.

[6] 胡卫华 . 环境艺术设计的实践与创新 [M]. 南京：江苏凤凰美术出版社，2018.

[7] 张明，姚哲，沈娅 . 室内陈设设计 [M]. 北京：化学工业出版社，2018.

[8] 曹懿 . 生态视角下的环境艺术设计 [M]. 北京：中国纺织出版社，2018.

[9] 刘清丽 . 环境艺术设计制图与识图 [M]. 西安：西安交通大学出版社，2013.

[10] 王珊珊 . 新时期环境艺术设计的研究与应用 [M]. 北京：中国水利水电出版社，2018.

[11] 章晴方 . 商业会展设计 [M]. 上海：上海人民美术出版社，2006.

[12] 董春欣，王煜新，齐晓韵 . 室内设计基础 [M]. 上海：上海人民美术出版社，2018.

[13] 徐望霓 . 家具设计基础 [M]. 上海：上海人民美术出版社，2014.

[14] 傅毅 . 环境艺术设计的原理与快速表现技法研究 [M]. 北京：中国纺织出版社，2018.

[15] 关俊良，胡家宁 . 室内与环境艺术设计制图 [M].2 版 . 北京：机械工业出版社，2005.

[16] 徐里，苏丹 . 为中国而设计——第八届全国环境艺术设计大展入选作

品集 [M]. 北京：中国建筑工业出版社，2018.

[17] 王浩，张玲 . 环境艺术设计 Sketch Up 方案表现 [M]. 合肥：合肥工业大学出版社，2017.

[18] 徐静凤，丁南 . 园林规划设计 [M]. 北京：清华大学出版社，2018.

[19] 徐里，苏丹 . 为中国而设计——第八届全国环境艺术设计大展入选论文集 [M]. 北京：中国建筑工业出版社，2018.

[20] 白颖，胡晓宇，袁新生 . 环境绿化设计 [M]. 武汉：华中科技大学出版社，2018.

[21] 刘同平，郑重 . 环境雕塑设计 [M]. 武汉：华中科技大学出版社，2018.

[22] 刘波，史青 . 建筑设计初步 [M]. 合肥：合肥工业大学出版社，2018.

[23] 甄伟肖，颜伟娜，孙亮 . 艺术设计与室内装潢 [M]. 长春：吉林美术出版社，2018.

[24] 金慧，许开强，胡雨霞，等 . 植物造景设计 [M]. 合肥：合肥工业大学出版社，2018.

[25] 董雅 . 天津大学环境设计系教师创作实践作品集 [M]. 天津：天津大学出版社，2018.

[26] 刘子裕，刘卫军，杨汉立 . 室内陈设设计与环境艺术 [M]. 北京：清华大学出版社，2018.